herzlich
Fichtlmeier

ANTON FICHTLMEIER

UNTER MITARBEIT VON
GILA FICHTLMEIER

Der Hund an der Leine

KOMMUNIKATIONSHILFE UND SIGNALÜBERMITTLUNG

MIT KOSMOS MEHR ENTDECKEN
Fichtlmeiers
Hundeschule
SEIT 1822

KOSMOS

☞ *Inhalt*

MEIN WEG ZUR KOMMUNIKATIVEN LEINENFÜHRUNG

Früher war Leine für mich kein Thema. Jackie, mein erster Hund, wich mir nicht von der Seite. Vom ersten Tag an lernte sie, sich in meiner unmittelbaren Nähe aufzuhalten.

Jackie war wie ein zweiter Schatten. Ich brauchte nie nach ihr zu sehen. Wenn ich abends auf den Münchner Kleinkunstbühnen meine „bavaresken" Gesangskünste zum Besten gab, lag sie neben mir auf der Bühne und döste seelenruhig vor sich hin. Unterwegs in der Stadt, war der Gehsteig unser Weg, die Bordsteinkante die Grenze und die Straße solange tabu, bis sie von mir betreten wurde. Zu dieser Zeit verschwendete ich nie einen Gedanken an eine Leine, da sie mir als völlig überflüssig erschien. Jackie trug einzig ein kariertes Halstuch, an dem die Hundemarke und ein Namensschildchen nebst Telefonnummer befestigt waren. Zu Jackie gesellte sich bald eine weitere Hündin, auch Micky führte ich ebenfalls ohne Leine.

PLÖTZLICH GING ES NICHT MEHR OHNE LEINE

Erst als meine Frau und ich aufs Land zogen, wurde es notwendig, die Hunde anzuleinen. Denn es gab dort weder Gehsteige noch Radwege, und die Hunde benutzten schon bald die Straße wie einen Gehsteig. Um nicht die ganze Zeit darauf achten zu müssen, dass meine Hunde nicht zur Gefahr für den Straßenverkehr wurden, ließ es sich nicht umgehen, sie an die Leine zu nehmen. Jedoch waren Leine und Halsband damals noch uncool für uns, deshalb verwendeten wir nur einen einfachen Strick, der an dem Halstuch befestigt war. Das Halstuch lag dabei so locker am Hundehals, dass es sich problemlos abstreifen ließ, wenn unsere Hunde frei laufen durften. Waren sie an der Leine, machten sie keinerlei Anstalten zu ziehen. Augenscheinlich stellte das Angeleintsein für sie keine bewusst wahrgenommene Freiraumbeschränkung dar. Strick und Halstuch gehörten einfach zu unseren Spaziergängen, wenn wir uns auf Straßen bewegten. Warum sollten sie auch nicht wie gewohnt völlig selbstverständlich nebenherlaufen? Es hatte sich ja durch ihr Angeleintsein nichts an unserer Beziehung und der Art und Weise, wie wir sie über lockende Laute an unserer Seite hielten, geändert. Die Leine war Nebensache für uns.
Hier wäre eigentlich schon ein Zusammenhang zwischen dem Bedürfnis meiner Hunde, immer dicht in meiner Nähe zu sein, und meinem Verzicht, über den Strick auf sie einzuwirken, ersichtlich gewesen. Diesen Zusammenhang erfasste ich jedoch erst in späteren Jahren, als in mir immer mehr die Erkenntnis und Überzeugung reiften, dass aller Anfang im Beziehungsaspekt begründet liegt und nicht am Gefangennehmen des Hundes durch das An-die-Leine-Nehmen.

Ich entdeckte den Hundesport …

Einer meiner Freunde besaß einen Deutschen Schäferhund und führte diesen sehr erfolgreich im Hundesport. Anlässlich einer Prüfung begleitete ich ihn zum örtlichen Schäferhundeverein. Ich war total beeindruckt und fasziniert von den Leistungen der vorgeführten Hunde. Diese Exaktheit bei der Ausfüh-

Durch den Hundesport mit Hasso und Muckel kamen wir zum Leinengebrauch.

Meine ersten Hunde Jackie und Micky lernten nie eine Leine kennen.

rung der Kommandos und der Arbeitswille beim Apportieren ließen mich nur noch staunen.

… und wollte es genauso gut machen

Hatte ich mich bis dato damit zufriedengegeben, dass meine Hunde gut hörten, verspürte ich plötzlich den Drang, ebenfalls zu dieser Elite der Hundeführer zu gehören. Ich wollte auch einen Hund haben, der seine Leistung und seinen Gehorsam über eine Prüfung belegen sollte. So schloss ich mich in den frühen 70ern diesem Hundeverein an und lernte die damals gängigen Methoden der Hundeausbildung kennen. Der kräftige Leinenruck sowie die Ideologie vom Alphatier (in Analogie zum Wolf) wurden als unantastbare Wahrheit über das Wesen des Hundes verkündet. Auf die Hundeseele wurde dabei keine Rücksicht genommen, sondern das exakte Ausführen der Befehle und Order waren oberste Prämisse. Ein Hund hatte beispielsweise einen Winkel exakt zu gehen und seinen Kopf dabei auf Kniehöhe zu halten. Blieb der Hundeführer stehen, hatte der Hund sich sofort auf Höhe des Beines hinzusetzen.

Diese bloße Reduktion des Hundes auf ein „Objekt, das zu funktionieren hat", war für mich allerdings äußerst unbefriedigend. Der Bindungsaspekt und das Reflektieren der Befindlichkeit, die dabei gezeigten Gefühle des Hundes fanden keine Berücksichtigung. Im Vordergrund stand einzig die zu erreichende Punktzahl bei der Prüfung.

In der Hundeausbildung steht für Anton seit jeher der kommunikative Aspekt im Vordergrund.

Bald stellte ich alles in Frage …

Soweit ich mich erinnere, waren verbale Kommandos immer in irgendeiner Form mit einer mehr oder weniger unangenehmen Einwirkung über die Leine verbunden. Ich wollte das nicht und gab meinem Hund stattdessen kleine Hilfssignale, um dadurch seine Aufmerksamkeit zu erregen. Da dieses von den Leistungsrichtern nicht erkannt werden sollte, weil es zu Punktabzug geführt hätte, waren meine Aufmerksamkeitssignale auch entsprechend leise. Zu dieser Zeit wurde mir bereits bewusst, wie einfach, schnell und effektiv man einen Hund über motivierende Körpersignale leiten kann, weil man dadurch bewirkt, dass er in einen kommunikativen Prozess eintritt.

… und ging meinen eigenen Weg

Ich ließ mich also weder durch die Prüfungsordnungen noch durch die Leistungsrichter davon abbringen, meine Hunde mit leisen Gesten zu führen und verwendete nur bei Prüfungen scharf gesprochene Kommandos, diese jedoch in moderater Lautstärke. Zwar brachten mir meine Führerhilfen immer wieder Punktabzug, doch bei meinen Hunden sammelte ich umso mehr Pluspunkte. Sie gaben mir das vielfach zurück, weil sie freudig und schwanzwedelnd auch dann nicht von meiner Seite wichen, nachdem der Prüfungsablauf beendet war. Das wurde sehr wohl von den Richtern bemerkt und anerkennend mit den Worten kommentiert: „Man sieht schon, dass Ihre Hunde freudig bei der Sache sind. Doch leider haben Sie nicht auf zusätzliche Führerhilfen verzichtet, so wie die Prüfungsordnung es gebietet."

Bei der Fährtenarbeit jedoch konnte ich richtig punkten. Hier zählte nicht der Gehorsam über Kommandos, sondern die Nasenleistung und das freiwillige Zusammenspiel von Hund und Hundeführer beim Verweisen der gefundenen Gegenstände. So wurde ich in Folge Jahresmeister und über mehrere Jahre Vereinsmeister in dieser Sparte.

DIE BASIS: KOMMUNIKATIVES ZUSAMMENSPIEL

Bereits während meiner aktiven Zeit in diversen Hundevereinen, bei denen ich als Übungsleiter und Schutzdiensthelfer wirkte, sprachen mich immer mehr Vereinsmitglieder darauf an, dass sie genauso wie ich auf die

Leine als Dressurmittel verzichten möchten. Auch viele Hundebesitzer aus meinem privaten Umfeld, denen ich beratend zur Seite stand, wollten von mir wissen, wie sie denn vorzugehen hätten, damit es zwischen ihnen und ihren Hunden genauso harmonisch ablaufen würde wie zwischen mir und meinen Hunden.
Ich erklärte ihnen, dass der Schlüssel zum Erfolg nicht der Gebrauch der Leine war, der diese ausgezeichnete Anbindung und Führung meiner Hunde bewirkte, sondern vielmehr das kommunikative Zusammenspiel mit meinen Hunden über Gesten und leise Laute, das ich mir ohne Zuhilfenahme der Leine erarbeitet hatte.

DER SCHLÜSSEL ZUR LEINENFÜHRUNG

Erzeugt die Leine Stress beim Hund, wird er versuchen, dem zu entkommen. Bleibt der Hund gern ohne Leine an meiner Seite, wird er das auch tun, wenn er sich an der Leine befindet. Der Schlüssel für den Gebrauch der Leine als Nebensache ist die ungeteilte Aufmerksamkeit des Hundes.

METHODE DER KOMMUNIKATIVEN HUNDEFÜHRUNG

Im Laufe der vielen Jahre habe ich meine Herangehensweise an Hunde immer wieder analysiert und verfeinert. So kann ich nun ein Konzept anbieten, das bei allen Hunden funktioniert und das durch seine Einfachheit von allen Hundehaltern umgesetzt werden kann.
Jedoch ohne Begrenzung von Freiraum ist dies im Grunde genommen nicht möglich. Um hierbei einen positiven Weg einschlagen zu können, der Kommunikation in den Vordergrund rückt, habe ich das Denkmodell der fünf Freiraumzonen entwickelt (siehe S. 32). Zusätzlich steht uns mit der Leine ein äußerst effizientes Hilfsmittel zur Verfügung, über das man Übereinkünfte wie „richtig“ oder „falsch“, „erwünscht“ oder „unerwünscht“, treffen kann.
So gelingt es bei allen Hunden mithilfe einfacher und klarer Körpergesten in Kombination mit der Leine innerhalb sehr kurzer Zeit, teilweise sogar in Augenblicken, eine über Signale funktionierende Kommunikationsebene aufzubauen, die dann vom Hund ausgehend gezielt als bewusste Kommunikationsaufforderung eingesetzt werden kann.
Das Fichtlmeier-Leinenkonzept ist eine an unzähligen Hunden über viele Jahre erprobte Methode, die in dieser Form bei allen Hunden, also auch bei Welpen, erfolgreich eingesetzt werden kann. Sie beruht in ihrer Gesamtheit auf gegenseitigem Vertrauen, Respekt und Verständnis.

Ich freue mich, wenn Sie diesen Weg gemeinsam mit mir beschreiten und wünsche Ihnen viel Erfolg.

Anton Fichtlmeier

ANTON FICHTLMEIERS
— *Konzept der Hundeführung*

DAS SOLLTEN
SIE WISSEN
— Über Hundeführung

VIER HAUPTTHEMEN MEINER HUNDEFÜHRUNG

Hundeführung setzt sich für mich prinzipiell aus vier wesentlichen Themen zusammen: der Hund, der Mensch, die Leine als Nebensache und die Leine als kommunikatives Signalhilfsmittel.

THEMA 1: DER HUND

Hunde können nicht vernunftgesteuert agieren und reagieren, deshalb stellen sie eine abstrakte Gefahr für ihr Umfeld dar. Diese Gefahr konkretisiert sich mit dem Grad des Freiraums, der dem Hund zugestanden wird und innerhalb dessen er sich nicht mehr unter Aufsicht oder Kontrolle seines Hundehalters befindet. Wenn Sie, wie ich annehme, mit Ihrem Hund Übereinkünfte treffen und ihn über ein kommunikatives Zusammenspiel führen wollen, um sein Gefahrenpotenzial auf ein Minimum zu reduzieren, dann ist es unausweichlich, sich mit seinem Wesen und seiner Art zu kommunizieren auseinanderzusetzen (siehe S. 15).

THEMA 2: DER MENSCH

Hundeführung bedarf der Intention des Hundehalters, seinen Hund so zu führen, dass dieser sich und andere nicht gefährdet, belästigt oder ängstigt. Wer einen Hund hält, hat sogar die gesetzliche Verpflichtung, ihn entsprechend zu führen. Dazu habe ich das Konzept der fünf Freiraumzonen entwickelt (siehe S. 32). Dieses Konzept baut auf Vertrauen, Bindung und Kommunikation auf und verfolgt die Idee, dem Hund nur noch den Freiraum zur Verfügung zu stellen, in dem er jederzeit zu seinem Menschen verlässlich Kontakt aufnimmt und solange mit diesem in Kontakt bleibt, bis der Mensch das Kontakthalten wieder als beendet erklärt.

THEMA 3: DIE LEINE ALS NEBENSACHE

Jeder Hundehalter wünscht sich einen Hund, der gesittet an der Leine läuft und sich keinesfalls leinenaggressiv verhält. Aber wie lässt es sich bewerkstelligen, dass ein ruhiges und entspanntes Gehen mit einem angeleinten Hund zur Selbstverständlichkeit wird? Diese Fragestellung spiegelt meiner Meinung nach eines der größten Probleme von Hundebesitzern. Mithilfe der Freiraumzone 1 (siehe S. 32) wird es Ihnen gelingen, Ihrem Hund beizubringen, freudig an Ihrer Seite zu bleiben, dabei sein Augenmerk auf Ihre Körpergesten zu richten und sich über diese lenken und führen zu lassen. Als Ergebnis wird er sich auch angeleint wie gewohnt an Ihnen orientieren und somit an lockerer Leine nebenherlaufen. Die Leine wurde somit zur Nebensache für ihn (siehe S. 36).

THEMA 4: DIE LEINE ALS KOMMUNIKATIVES SIGNALHILFSMITTEL

Wer einen Hund in verkehrsreicher Lage und der Gesetzgebung entsprechend führen will, kommt nicht ohne Leine aus. Dazu benötigt man das richtige Handwerkszeug: Halsband und Führleine (siehe S. 38). Die am Halsband angeklickte Leine gestattet eine schnelle und präzise Signalübermittlung. Das kann mit einem Brustgeschirr nicht geleistet werden, sodass bei der Umsetzung meines Leinenkonzeptes auf die Verwendung eines Brustgeschirrs verzichtet werden muss. Sowohl aktive als auch passive Leinensignale dienen dazu, mit dem Hund Übereinkünfte zu treffen, auf die infolge der Führung des Hundes zurückgegriffen werden kann. Je nach Verwendung erhalten sowohl Leine als auch Leinensignale Symbolcharakter und codieren für bestimmte Bedeutungsinhalte (siehe S. 41). Gerade in diesem Bereich kommt dem Umgang mit der Leine eine vielfach unterschätzte Bedeutung zu. Damit ein wechselseitiges Beeinflussen und ein vertrauensvoller Abgleich über die Leine stattfinden kann, wird sie äußerst sensibel und im kommunikativen Sinn gehandhabt.

FICHTLMEIERS VIER HAUPTTHEMEN DER HUNDEFÜHRUNG

1. Der Hund – der geführt wird
2. Der Mensch – der führt
3. Die Leine als Nebensache
4. Die Leine als kommunikatives Signalhilfsmittel

Nach diesem kurzen Überblick finden Sie auf den folgenden Seiten die vier Hauptthemen meiner Hundeführung genauer erläutert. Der theoretische Teil geht Hand in Hand mit den Anleitungen im Praxisteil des Buches und wird Ihnen dabei helfen, die Praxisbeispiele besser umzusetzen.

So sieht es aus, wenn die Leine Nebensache ist.

THEMA 1: DER HUND – DER GEFÜHRT WIRD

Wenn wir einen Hund über Kommunikation führen wollen, ist es unausweichlich, sich mit seinem Wesen auseinanderzusetzen.

DAS WESEN DES HUNDES ERFASSEN

Wie organisieren sich Hunde? Wie kommt Bindung unter Hunden zustande und was können wir daraus lernen? Wie kommunizieren Hunde und welche kommunikativen Interaktionen – Symbole – können artübergreifend von uns genutzt werden?

Die Mär vom Alphahund

In der Hundeausbildung ist immer noch vom „Alpha"-Prinzip die Rede. Eine fixe hierarchische Ordnung wie in einem fest strukturierten Rudel, das gemeinsam Großwild jagen muss, macht für die Lebensweise eines Hundes keinen Sinn und entspricht auch nicht seiner Natur. Viel wahrscheinlicher ist, dass sich die Vorfahren unserer jetzigen Haushunde aus Partizipationsgründen den Menschen genähert und angeschlossen haben. Das heißt: Der Hund will an menschlichen Ressourcen teilhaben. Darum sucht er dessen Nähe. Es ist einzusehen, dass es keinen Unterschied für ihn macht, welcher Mensch ihm das Überleben sichert.

Hunde sind bindungsflexibel

Hunde organisieren sich nicht als Rudel mit starren Positionen, sondern bilden bindungsflexible soziale Gruppen. So haben Hunde ein äußerst starkes Interesse daran, mit Artgenossen bei Begegnungen in Kontakt zu treten. Diese Eigenschaft erschwert es vielen Hundehaltern, ihre Hunde bei Hundebegegnungen entsprechend zu kontrollieren, beziehungsweise diese problemlos von einer Kontaktaufnahme abzuhalten.

Arbeitslose Spezialisten

Hunde sind Spezialisten für bestimmte Bereiche und tendieren zu entsprechendem Verhalten. Solche angeborenen Verhaltensmuster wie Bewachen, Jagen, Hüten etc. sind rassespezifisch und individuell angelegt und ausgeprägt. Hunde besitzen keinen freien Willen. Sie haben nur einen kleinen Handlungsfreiraum „eigener Wille", und auf diesen können sie nur zugreifen, wenn keine ihre Instinkte ansprechenden Reize vorliegen, die zwingend ein bestimmtes Verhalten bei ihnen auslösen.

Nur starke Bindung lässt einen Teckel auf den Hasen verzichten.

Angeborene Verhaltensmuster sind nur teilweise erwünscht

In der von Menschen geschaffenen soziokulturellen Mitwelt sind angeborene Verhaltensmuster nur unter ganz bestimmten Rahmenbedingungen geduldet beziehungsweise erwünscht. Im Rahmen ihrer sozialen Fähigkeiten können sich Hunde jedoch selbst zurücknehmen und zum Vorteil der sozialen Gruppe Alternativverhalten in ihr Repertoire aufnehmen. Zum Beispiel, wenn ein Jagdhund im Wald Menschen suchen soll und Wildspuren dabei ausklammert. Allerdings, je öfter der Hund seine Instinkte ausleben durfte, desto schwieriger wird es für ihn, sich selbst zu zügeln und für uns, ihn kontrollieren zu können.

Deshalb ist es unabdingbar, mit dem Hund zu klären, wann ein Verhalten gewollt und wann es nicht gestattet ist. Dazu bedarf es der Kommunikation. Insbesondere der gewünschte Verhaltensabbruch muss vom Menschen explizit und aktiv kommuniziert werden. Bloßes Umlenken auf ein Alternativverhalten oder Ignorieren des problematischen Verhaltens (das im Übrigen für den Hund oft selbstbelohnend ist), verdeutlichen dem Hund nicht, dass sein gezeigtes Verhalten unerwünscht ist oder von uns als Fehlverhalten bewertet wird. Hier ist insbesondere Prävention eine sinnvolle Möglichkeit, um auf für alle Beteiligten unangenehme Strafaktionen verzichten zu können. Bedenken Sie: Was „Klein Rexi" von Anfang an nicht gestattet wird, muss ihm später auch nicht mühsam abgewöhnt werden.

Soziales Miteinander einer Hundegruppe

Soziales Miteinander einer Hundegruppe folgt bestimmten Prinzipien und ist auf eine ganz spezifische Weise geordnet. Hunde erleben sich innerhalb einer Gruppe durch ständiges Abgleichen und Ausloten ihrer Befindlichkeiten und Bedürfnisse. Das zentrale psychosoziale Regulativ bei der Organisation der Gruppe ist prosoziale Aggression. Dies

01 Kommunikative Signale können den Sozialpartner auf Distanz halten ...

01 Bellend stoppt der Vizsla die Annäherungsversuche der Dogge, die sich zurücknimmt ...

funktioniert nach dem Verhaltensschema „Drohung" und einer entsprechenden Reaktion darauf. Ein Hund beansprucht zum Beispiel Beute, Territorium, einen Liegeplatz oder Ähnliches, ein anderer Hund fordert in der spezifischen Situation dasselbe. Diese Interessenkonkurrenz wird üblicherweise durch Drohen, Imponieren und entsprechende Reaktion kommuniziert und damit abgeklärt. Hunde versuchen dabei möglichst wenig

02 ... oder ein Interesse an Nähe bekunden. Hunde wenden ihren Signalvorrat auch artübergreifend an.

02 ... und daraufhin ihrerseits den Vizsla zum Einhalten einer entsprechenden Distanz mahnt.

03 Wissen um gegenseitige Beeinflussbarkeit: die Basis für ritualisierten Abgleich.

Schaden zu nehmen. Wenn wir uns hier entsprechend einbringen, ist es sogar möglich, die Realitätsebene der Hunde mitzuerleben und ihr Weltbild mitzugestalten.

Der Hund in der Menschenwelt

Hunde können relativ problemlos mit den komplexen sozialen Rahmenbedingungen der Menschenwelt zurechtkommen. Es ist ihnen möglich, eine sehr enge, auf Kommunikation begründete Sozialpartnerschaft mit dem Menschen einzugehen. Sie sind in der Lage, die Bedeutung von Signalen des Menschen zu erfassen und darauf sinnvoll zu reagieren. Eine enorme Leistung, wenn man bedenkt, dass Hunde von Natur aus instinkt- und nicht vernunftgesteuert sind. Das ist letztlich wohl auch der Grund dafür, warum es möglich war, sie so eng wie kein anderes Tier in das Sozialsystem des Menschen einzubinden.

ÜBEREINKÜNFTE IN DER HUNDEWELT

Um sich als soziales Wesen in einer Gemeinschaft eingliedern und in dieser überleben zu können, müssen soziale Übereinkünfte getroffen werden. Hunde verhalten sich dabei ihrer Natur entsprechend überwiegend instinktgebunden.

Soziales Miteinander bedarf der Kommunikation

Ein sozialer Zusammenschluss mehrerer Individuen bedarf der Kommunikation. Dazu dient unter Hunden ein klar abgrenzbarer Bereich ihres Verhaltensrepertoires. Dieses Verhalten läuft erbkoordinativ ab und bedient sich einer Signalebene, die weitestgehend formkonstant ist. Die getroffenen Übereinkünfte sind gültig, bis neue Übereinkünfte notwendig werden (Änderung des Status, der inneren Gestimmtheit eines Individuums, der Gruppenzusammensetzung etc.).

Soziale Ordnung in Hundegruppen folgt einem Prinzip

Das Erkennen und Anerkennen gezeigter Emotionen und Bedürfnisse, die Abstimmung des eigenen Verhaltens auf den anderen und die Akzeptanz des anderen in seiner Befindlichkeit sind die wesentlichen Bestandteile, die der sozialen Ordnung in der Hundewelt zugrunde liegen. Hierfür notwendige Übereinkünfte werden auf einer besonderen Ebene (siehe Abb. GrOVM unten) durch eine speziell dafür vorgesehene Form der Kommunikation getroffen. Dabei kommen mehr oder minder feststehende Symbole zur Anwendung, die tendenziell bestimmten Themenkreisen zugeordnet werden können. Hunde können sich nicht aussuchen, ob sie auf diese symbolischen Signale reagieren oder nicht.

Kommunikativer Abgleich auf höchster Ebene

Über GrOVM findet ein kommunikativer Abgleich statt. Diese Kommunikationsebene bewirkt, dass in den beteiligten Gesprächspartnern Bilder und Emotionen erzeugt werden, die annähernd die eigenen Ideen und Emotionen spiegeln. Hier gezeigte Verhaltensmuster bedienen sich einer Symbolik, die auch artübergreifend zwischen Hund und Mensch abläuft. Diese Symbole können vom Hundehalter gezielt genutzt werden und ermöglichen ihm die Realitätsebene seines Hundes mitzuerleben und darüber hinaus dessen Weltbild auf der Instinktebene mitzugestalten.

GRUPPENORGANISIERENDE VERHALTENSMUSTER

Die während des kommunikativen Prozesses zur Schaffung einer sozialen Ordnung in einer Gruppe gezeigten Verhaltensmuster wurden von mir entschlüsselt und unter dem Oberbegriff Gruppenorganisierende Ver-

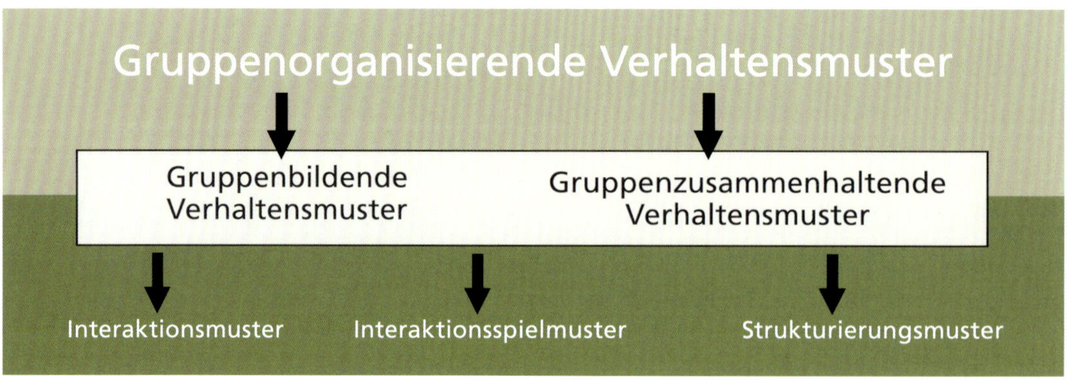

Ein individueller Standpunkt wird oft im schnellen Wechsel von Androhen und Sich-Zurücknehmen übermittelt.

Die Hündin fordert ein Abstandhalten des Rüden, was dieser mit höflichem Zurückweichen beantwortet.

haltensmuster (GrOVM) in den letzten Jahren beschrieben und sollten als eigener Funktionskreis verstanden werden.
Diese Verhaltensmuster lassen sich jeweils wieder nach zugehöriger Funktion und zeitlichem Auftreten in Gruppenbildende oder Gruppenzusammenhaltende Verhaltensmuster unterteilen. In diesen beiden Bereichen werden von Hunden des Weiteren Interaktions-, Interaktionsspiel- und Strukturierungsmuster gezeigt. Sie sind ein wichtiger kommunikativer und sozialer Prozess. Bei diesen Verhaltensmustern handelt es sich nicht um Spiel im engeren Sinn. Um den Blick auf diese Verhaltensmuster nicht unnötig zu trüben, sollten sie deshalb nicht unter den Oberbegriff Spielverhalten fallen.

Interaktionsmuster

Ein Beispiel aus der Hundeschule: Die Hunde befinden sich im Freilauf. Ein Rüde nähert sich einer ihm bis dahin unbekannten Hündin, um an ihr zu schnuppern (Beginn eines Gruppenbildenden Interaktionsmusters).
Die Hündin reagiert auf diese Distanzunterschreitung, indem sie leicht den Kopf hebt und den Rüden mit einem drohenden Blick fixiert. Ignoriert der Rüde dieses Signal, wird die Hündin ihr Drohen vielleicht noch kurz verstärken, indem sie leicht die Lefzen hochzieht und die Zähne zeigt. Wendet sich der Rüde jetzt ab, kann sich die Hündin wieder entspannen. Verändert der Rüde sein Verhalten jedoch nicht, kommt es unweigerlich zu einer reglementierenden Attacke durch die Hündin, die so lange fortgesetzt und intensiviert wird, bis sich der Rüde zurücknimmt. Augenblicklich wird die Hündin daraufhin ihre Attacke einstellen.
In beiden Fällen wird eine Übereinkunft getroffen, auf die jederzeit zurückgegriffen werden kann. Sie bleibt also gültig, solange keine neue Übereinkunft zum selben Thema getroffen wird.

Interaktionsspielmuster

Die Drohungen der Hündin und das Sich-Zurücknehmen des Rüden haben insgesamt bewirkt, dass beide von der wechselseitigen Möglichkeit der Beeinflussung wissen und auf den Bedeutungsinhalt der gezeigten Signale vertrauen können. Jeder fühlt sich vom anderen verstanden.

Das eröffnet den Hunden die Möglichkeit, in einem Gruppenbildenden Interaktionsspielmuster weitere soziale Aspekte ritualisiert abzuklären. Zum Beispiel kann das Überlassen von Beute nun unter Zuhilfenahme von Objekten und unter Einbringung eigener Ideen der Individuen geklärt werden. Bei gleichbleibenden Rahmenbedingungen bleibt die Übereinkunft für die beteiligten Hunde bestehen. Die Hunde erachten sie als gültig und werden jederzeit darauf zurückgreifen.

Ich möchte ausdrücklich darauf hinweisen, dass der Mensch in dieses Kommunikationsmuster mit einbezogen werden kann. Leider hat dieser von der Existenz solcher Interaktionsspielmuster meistens gar keine Ahnung. Es ist leicht vorstellbar, welche schwerwiegenden Missverständnisse das zur Folge haben kann (siehe Imponiertragen, S. 22).

STRUKTURIERUNGSMUSTER

Es gibt noch ein weiteres Verhaltensmuster innerhalb Gruppenbildender oder Gruppenzusammenhaltender Verhaltensmuster. Es handelt sich um ein – wie ich es nenne – Strukturierungsmuster. Zum Beispiel werden Gruppenmitglieder bei Fehlverhalten von ihren Artgenossen im Rahmen eines „instinktiven Wertesystems" gemäß dieses Strukturierungsmusters reglementiert. Das Strukturierungsmuster wird nach meinen Erkenntnissen je nach Rasse und Individualität des Hundes entsprechend gezeigt. Oberflächlich betrachtet erscheint ein Strukturierungsmuster wie ein Interaktionsmuster. Es unterscheidet sich jedoch von diesem, da hierbei der Rest der Gruppe vom „Strukturierer" nicht aus den Augen gelassen wird.

Ein Beispiel aus der Hundeschule: Die Hunde befinden sich im Freilauf. Anfangs herrscht heilloses Durcheinander. Ein Hund, mit der angeborenen Tendenz zu strukturieren, bemüht sich, Ordnung in die Gruppe zu bringen. Er nähert sich dabei jedem einzelnen Individuum, das an der Unruhe beteiligt ist und fordert von diesem ein kurzes Stehenbleiben und Beschwichtigen ein. Das setzt er so lange fort, bis ein entspanntes Miteinander unter den Hunden stattfindet und Ordnung erkennbar wird. Dabei behält er wie nebenbei den Rest der Gruppe im Auge.

Auch Menschen sind in der Lage, Ordnung in eine Hundegruppe zu bringen. Dies wäre besonders beim Initiieren von Welpengruppen notwendig. Hier ist fachkompetentes Handeln gefragt, damit den Welpen ein hündisches Wertesystem vermittelt wird. Leider werden Welpen zu oft einer negativen Gruppendynamik überlassen. Nur inkompetente Trainer vertrauen darauf, dass sich Welpen ohne entsprechenden Erfahrungsschatz selbst und ausreichend sozialisieren.

SYMBOLBEDEUTUNG IN DER HUNDEWELT

Hunde benutzen Symbole zur Kommunikationsaufforderung und zur Vermittlung eigener Ideen gegenüber anderen Hunden. Die Verwendung klar definierter Inhalte wird von jedem Hund unmittelbar verstanden.

Instinktiver Wortschatz

Es gibt eine Gruppe von Symbolen, deren Verwendung in Kommunikationsprozessen beim Hund a priori angelegt ist und nicht erst erlernt werden muss – sozusagen ein instinktiver „Wortschatz". Diese Symbole haben ursprünglich eine feste Bedeutung und sind zunächst einem ganz bestimmten Funktionskreis zugeordnet. Alle Hunde müssen darauf nach einem ganz spezifischen Schema reagieren, sie haben also keine Wahlmöglichkeit. Die Verwendung dieser Symbole wird von jedem Hund unmittelbar verstanden.

Auch wir Menschen können diese Symbole bewusst wahrnehmen und gemäß ihrem Bedeutungsinhalt mit Hunden auf dieser Ebene soziale Übereinkünfte treffen. Diese Übereinkünfte über Symbole greifen um ein Vielfaches schneller und tiefer als antrainierte Verhaltensmuster.

Ersatzbeute als Kommunikationsaufforderung

Hunde benutzen Ersatzbeute mit symbolischem Charakter als Kommunikationsaufforderung und versuchen damit, ritualisiert Übereinkünfte für das soziale Zusammenleben der Gruppe zu treffen.

Ein Beispiel: Über das „Imponiertragen eines Stöckchens im Fang" vor anderen Hunden, kommuniziert ein Hund grundsätzlich seine Motivation, Übereinkünfte treffen zu wollen. Das Stöckchen im Fang ist ein Symbol für Beute und leitet ein Interaktionsspielmuster ein. Das Symbol „Stöckchen im Fang" kann dabei unterschiedlichste Themen behandeln.

Mit beginnendem Zahnwechsel unterliegen Hundebegegnungen während der ersten Augenblicke, losgelöst von simplem Spielverhalten, den Mechanismen Gruppenorganisierender Verhaltensmuster (GrOVM).

In erster Linie kommt Ersatzbeute als Aufforderungssignal bezüglich eines Abgleichs im Bereich der Ressourcenteilung zur Anwendung. Ein Sichabgleichen über Ersatzbeute bietet nämlich den Vorteil, dass man diese rechtzeitig überlassen kann und somit ein Kräftemessen über direkten Körperkontakt vermeidbar wird. Das Überlassen der Beute schließt überdies ein Partizipieren am Territorium nicht aus. Im Gegenteil, dadurch schaffen die Hunde nicht selten die Voraussetzung für ein weiteres vertrauensvolles Miteinander.

Imponiertragen unter Hunden

Zeigt ein Hund Imponiertragen oder Imponierkauen, fühlt ein Artgenosse sich in aller Regel dazu aufgefordert, sich aktiv mit seinem Gegenüber zu beschäftigen. Er wird dieses Verhalten zu allererst als Aufforderung für einen sozialen Abgleich oder der Übermittlung einer Idee zuordnen. Er wird hinterfragen, was sein Gegenüber ihm versucht zu vermitteln. Genau das wollte der Stöckchen tragende Hund erreichen.

Imponiertragen gegenüber Menschen

Fatalerweise greift der Hund gerade auf diesen Bereich zurück, wenn für ihn innerhalb der bestehenden Mensch-Hund-Beziehung kein nachvollziehbares Regelwerk erkennbar ist. Wenn der Hund beim Abgeben von Beute kontert, imponierend seinen Besitzer umrundet, oder auf der Beute herumkaut, er also seine körperliche Fitness zur Schau stellt und seine mentale Stärke präsentiert, sollte immer hinterfragt werden: Liegt diesem Verhalten spielerischer Übermut zu Grunde oder besteht nicht doch eine gewisse Unstimmigkeit bezüglich der Übermittlung und Akzeptanz eines vom Hundehalter angedachten Regelwerks? Das Nicht-Erkennen dieses kommunikativen Hilferufs bewirkt in Folge, dass der Hund nach und nach seine hündischen Kommunikationsangebote gegenüber seinem Menschen einstellt. Deshalb sollte im Bereich Ersatzbeute lieber auf unbedachte Zerrspiele und exzessives Werfen von Gegenständen verzichtet werden. Hunde bleiben kommunikationsfähiger, wenn im Beutebereich die Kommunikation im Vordergrund steht. Bringen und Tauschen statt Imponiertragen, die Beute anzeigen statt um sie zu kämpfen und dabei zu kontern.

Beutestellvertreter sind ein wichtiger hündischer Kommunikationsfaktor.

Hier können artübergreifend auf hündischer Ebene Übereinkünfte getroffen werden.

Der Fuß auf der Leine symbolisiert Ruhe.

Der Gegenstand bei Bleib 3 ist stellvertretend für den Hundebesitzer und symbolisiert den Grünen Bereich.

Erlernte Symbole

Es gibt auch Symbole, die durch Erfahrungen und Einsicht entstehen. Ein Beispiel: Der Hund soll eine Fährte ausarbeiten. Benutzt der Mensch bei solchen Aufgabestellungen immer die gleiche Leine und dazu immer dasselbe Halsband, dann wird diese spezielle Halsung samt Leine zu einem Symbol für diese spannende Aufgabe. Dieses Symbol wurde durch entsprechende Erfahrungen erlernt und festigt sich durch Wiederholungen. Die immer wiederkehrende, nahezu identische Verwendung dieses Symbols grenzt den Bedeutungsinhalt immer genauer ein.

Ein weiteres Beispiel: Eines der ersten Symbole, die ich im Rahmen der Hundeausbildung vermitteln will, ist das Symbol für Ruhe (siehe S. 93). Der Hund ist angeleint, die Leine liegt auf dem Boden und ich stelle entspannt meinen Fuß darauf. Meine Passivität signalisiert dem Hund, dass jetzt Ruhe angesagt ist. Im Laufe der Zeit wird der auf den Boden durchhängenden Leine der Bedeutungsinhalt „Ruhe" zugeordnet. Diese Erfahrung wird der Hund dann generalisieren und damit auch die Bedeutung dieses Symbols. Macht der Mensch sich Symbole auf diese Weise zunutze, kann der Hund sich mental auf das künftig zu Erwartende einstellen und er gewinnt an Selbstsicherheit. Dieser Aspekt, exakte Kommunikation mit der Bestätigung einer Erwartungshaltung, macht den Menschen als Sozialpartner für den Hund verlässlich. Genau in diesem Sinne findet die Leine innerhalb meiner Erziehungsmethode Verwendung.

SYMBOLE

Hunde können die Bedeutung von Symbolen erkennen und zuordnen, und sie bedienen sich verschiedener Signale mit Symbolcharakter, die bereits arttypisch in ihrem Verhaltensrepertoire vorhanden sind. Wir Menschen können uns das zunutze machen, indem wir solche Signale bewusst zum Einsatz bringen.
Wichtig ist dabei, dass wir den Symbolwert der Signale nicht auflösen.

Generalisierte Symbole

Symbole, die sich generalisieren lassen, sind bei der Führung von Hunden von großem Vorteil. Ein generalisiertes Symbol kann vom Hund in unterschiedlichen Zusammenhängen seinem Bedeutungsinhalt entsprechend zugeordnet werden und löst damit bei ihm eine diesbezügliche Reaktion aus.

Ein Beispiel: Sie gehen mit Ihrem angeleinten Hund spazieren. Der Hund läuft plötzlich los, dabei gleitet Ihnen die Leine aus der Hand und fällt zu Boden. Die zu Boden fallende Leine hemmt ihn in seinem Bewegungsdrang, da ja die Leine am Boden Ruhe bedeutet (siehe „Ruhe", S. 93). Wenn Sie in dieser Situation noch auf ein lautes „Stopp" als Symbol für einen Verhaltensabbruch zurückgreifen können (siehe S. 80), wird der Hund in zweifacher Weise gezügelt: Das Symbol „scharf gesprochenes Stopp" codiert für Verhaltensabbruch, und das Symbol „Leine auf dem Boden" codiert für Ruhe. Symbolbedeutungen können also nicht nur generalisiert zum Einsatz kommen, sondern sich auch ergänzen und dadurch wechselseitig verstärken.

Hier stoppt der Hund in der Bewegung anhand der Symbolik „Leine plus Gegenstand am Boden" und mithilfe der Warte-Geste.

THEMA 2: DER MENSCH – DER FÜHRT

Da Hunde nicht vernunftgesteuert agieren, muss der Mensch bereit sein, jederzeit mit allen Mitteln kontrollierend auf seinen Hund einzuwirken, um präventiv Schaden von diesem und seinem Umfeld abzuwenden.

Hundeführung heißt Verantwortung übernehmen! Dieser Verantwortung hat sich von Rechts wegen jeder Hundehalter zu stellen. Um dem zu genügen, würde es zwar reichen, seinen Hund angeleint zu führen, doch die Kontrollfunktion mittels der Leine allein reicht dem verantwortungsbewussten Hundehalter nicht. Er möchte natürlich, dass sein Hund auch ohne Leine freudig und locker neben ihm herläuft. Dazu habe ich das Konzept der fünf Freiraumzonen entwickelt (siehe S. 32).

KONTROLLE DURCH FÜHRUNGSANSPRUCH

Viele Menschen wollen führen, wissen aber gar nicht, wie das geht, und wundern sich dann, dass der Hund nicht (nach)folgt. Dabei kann er gar nicht folgen, weil weder Frauchen noch Herrchen ihm gegenüber Führungsansprüche signalisieren. Vielleicht, weil sie nicht wirklich führen wollen, oder weil sie einfach nicht wissen, wie es geht.
Unser Anspruch an uns selbst als verantwortungsvolle Hundehalter entscheidet darüber, wie wir den Hund führen und wie sehr wir bereit sind, Kontrolle über ihn ausüben zu wollen.

WAS BEDEUTET FÜHREN?

Wann immer Sie ein anderes Wesen dazu bewegen wollen, sich von A nach B zu begeben, ist Führung ein Mittel der Wahl. Denn Sie möchten ja, dass dieses andere Wesen einen ganz bestimmten Weg, vielleicht auch noch zu einem ganz bestimmten Zeitpunkt, geht, und zwar in einer von Ihnen definierten Weise. Nehmen wir als Beispiel den Hundespaziergang. Führen bedeutet hier nicht nur von A nach B gehen, sondern zusätzlich das Tempo zu bestimmen und auf Verhaltensweisen, die gezeigt werden, Einfluss zu nehmen. Das heißt schlicht und einfach: Sie wollen, dass Ihr Hund Ihnen in einer bestimmten Art und Weise folgt. Sie wollen der „Führende" sein, behütend und leitend. Damit brauchen Sie bestimmte Qualitäten.

Der Mensch muss führen wollen

Das bedeutet, ...

- dass er die innere Haltung hat, tatsächlich bestimmen zu wollen, zum Beispiel den Weg und das Ziel.
- dass er die für die Führung benutzten und dafür geeigneten Instrumente (zum Beispiel die Leine) beherrscht und sensibel verwendet.
- dass er die an den Hund gestellten Aufgaben verständlich für diesen kommuniziert.
- dass er weiß, was zu tun ist, um seinen Führungsanspruch gegenüber dem Hund auch gegen dessen Widerstand durchzusetzen.

Bei der Führung eines Hundes können wir auf Reglementierung nie ganz verzichten.

- dass er die Verantwortung für den Hund und sein eigenes Handeln im Umgang mit diesem übernimmt.
- dass er sich mit dem Wesen des Hundes und dessen Ausdrucksverhalten auseinandersetzt, um so dem Hund an sich gerechter zu werden und diesem dadurch „gelungene Kommunikation mit dem Menschen als Sozialpartner" ermöglicht.
- dass er das Vertrauen, das der von ihm abhängige Hund ihm schenkt, nie missbraucht.

Motivation steht an erster Stelle

In meinem Führungskonzept steht Motivation immer an erster Stelle. Freiwilliges und freudiges Kontakthalten steht vor dem Einsatz der Leine.

Wir kommen jedoch situativ nicht umhin, gegenüber dem Hund einen Führungsanspruch in dem Sinne zu stellen, dass wir ein Nachfolgen auf unsere Aufforderung hin verlangen (beispielsweise Bei-Fuß-Gehen mit und auch ohne Leine). Dazu müssen wir den Hund entsprechend beeinflussen können.

Diese Verhaltensbeeinflussung sollte idealer Weise über einen kommunikativen Abgleich stattfinden, der dem Ausdrucksrepertoire des Hundes nahekommt. Wie wir inzwischen wissen, läuft dieser Abgleich unter Hunden immer binär ab.

Diese Geste vermittelt dem Hund simpel und einfach: „Bleib und warte".

Motivation und Reglementierung

Hunde bedienen sich zur gegenseitigen Verhaltensbeeinflussung der Motivation über auffordernde Laute und Verhaltensmuster. Das Reglementieren ihres Gegenübers findet mittels Drohgebärden und, wenn nötig, mittels Drohschnappen und Zubeißen statt. Hunde stehen tendenziell in Konkurrenz zu Sozialpartnern. Sie verstehen es ausgezeichnet, sich präzise abzugrenzen und ihren Vorteil zu wahren. Im schnellen Wechsel zwischen „Das gefällt mir" oder „Das gefällt mir

Wenn liebevolle Ausgelassenheit den Tagesablauf mit dem Hund bestimmt, führt das dazu, dass der Hund aus freien Stücken Kontakt sucht und diesen freudig hält.

nicht" äußern sie ihre Gestimmtheit. Ebenso sollten die Verhaltensmuster des Menschen für den Hund eindeutig sein und Stimmung wie Inhalt entsprechend vermitteln.

Kongruente Signalübermittlung

Jedes Verhalten, das ein Mensch gegenüber einem Hund zeigt, muss für den Hund eindeutig zuzuordnen sein. Es darf nicht willkürlich erscheinen. Wichtig ist, dass der Mensch auf erwünschtes Verhalten durch freundlichen Körperausdruck und hohe Stimme deutlich positiv reagiert, auf unerwünschtes Verhalten umgekehrt mit deutlichem Unmut. Stellt der Hund daraufhin seine Aktion nicht ein, muss energischer, wenn nötig auch „aggressiv" auf ihn eingewirkt werden. Dabei möchte ich eines klarstellen: Aggression ist nicht gleichbedeutend mit Gewalttätigkeit. Prosoziale Aggression ist ein natürlicher Bestandteil in der Kommunikation unter Hunden. Es gestattet den Sozialpartnern, sich abzugrenzen, Missfallen zu bekunden und Unsicherheit zum Ausdruck zu bringen.

Zurückführung zu sozialer Kompetenz erfordert Fingerspitzengefühl beim Trainer.

Soziale Übereinkünfte in der Gruppe

Hunde versuchen Gefahren abzuschätzen oder zu meiden, um möglichst keinen Schaden zu nehmen. Sie versuchen, den Sozialpartner zu beeinflussen, beispielsweise um sich abzugrenzen oder um an Ressourcen partizipieren zu können. Nachgeben ist dabei ein äußerst wichtiges Kriterium, so auch im Umgang mit uns Menschen.

Ein Beispiel: Kommt ein Hund in eine Gruppe, wird er immer als Erstes versuchen, jeden der einzelnen Sozialpartner, egal ob Mensch oder Hund, einzuschätzen:

— Wie steht der zu mir?
— Freundlich oder nicht?
— Können wir miteinander auskommen oder gehen wir uns besser aus dem Weg?
— Erkennt er meine Position an?
— Kann ich ihn in seiner Position anerkennen?

Jeder Hund will das Gefühl und die Sicherheit haben, dass er den anderen beeinflussen kann, und er lässt sich auch von diesem beeinflussen. Die wechselseitige Beeinflussbarkeit schafft die Basis dafür, dass Hunde sich rasch zu einer bindungsflexiblen Gruppe zusammenschließen können.

Hunde leben diese soziale Kommunikation nicht nur unter ihresgleichen, sondern auch mit den Menschen. Diese gegenseitige Beeinflussbarkeit zwischen Mensch und Hund sollte von Anfang an als soziale Übereinkunft gelebt werden.

Hier sind wir Hundebesitzer besonders gefordert, da der Hund die meiste Zeit seines Lebens mit uns und nicht mit Artgenossen verbringt.

Verlust von Selbstwertgefühl

Fehlt bei der Erziehung der Wechsel zwischen motivierender Aufforderung und Reglementieren über Androhung von Strafe bzw. Setzen einer Strafsanktion, können Hunde nicht lernen, mit Androhungen und Drohverhalten richtig umzugehen. Es ist ihnen nicht mehr möglich, ihr Selbstbewusstsein differenziert zum Ausdruck zu bringen. Sie neigen dann entweder zu übertriebener Ängstlichkeit gegenüber Menschen und Artgenossen, oder sie erkennen nicht mehr, dass sie andere verunsichern und ihnen Angst machen, beziehungsweise sie ignorieren es.

Hunde zeigen keine Skrupel, wenn es darum geht sich nötigen Respekt zu verschaffen.

Stimmt die Chemie zwischen zwei Hunden, finden auch bei erwachsenen Hunden, die sich nicht vorher kannten, dem Zufall geschuldete Interaktionsspielmuster statt.

Rücksichtslosigkeit und Respektlosigkeit

Gänzlicher Verzicht auf Reglementieren von Hunden führt vielfach dazu, dass diese vermehrt respektlos und damit rücksichtslos gegenüber Menschen und demzufolge auch gegenüber Artgenossen auftreten. Solche Hunde agieren gefühlsroh und ohne Anerkennung von Grenzen. Dieser Mangel findet sich oft als Resultat ganz bestimmter Erziehungskonzepte, die vorgeben, ausschließlich über Motivation zu funktionieren und in denen bereits ein scharf gesprochenes „Nein" verboten ist.
Jedoch ist Reglementierung von sozialem Fehlverhalten nicht nur notwendig, sondern es ist sogar ein fester Bestandteil des Verhaltensrepertoires von Hunden.

Reglementieren ist hündisch

Reglementierung sehen wir bereits bei Welpen, die bei ihrer eigenen Mutter erste Erfahrungen machen, dass bestimmte Verhaltensweisen nicht toleriert werden. Haben Sie schon einmal beobachtet, wie klar eine Mutterhündin ihre Welpen zurechtweist, wenn diese zum Beispiel ihrem Futternapf zu nahe kommen? Auch ältere Hunde signalisieren jüngeren völlig eindeutig, wie sie deren Verhalten einschätzen. Sie agieren und reagieren hierbei unmittelbar, ausgelöst durch Verhaltensmuster und Lautäußerungen.

Verlust sozialer Kompetenz

Pseudoliberale Erziehungsmodelle führen oft zum Verlust der sozialen Kompetenz eines Hundes. Dadurch kommt es nicht nur bei Hundebegegnungen zu großen Problemen. Schlecht erzogene oder besser gesagt verzogene Hunde neigen oft zu problematischen Distanzunterschreitungen. Sie scheinen wie kleine Einzelkämpfer, denen nichts mehr Furcht einflößen kann. Zugleich reagieren Hunde, die wenig Respekt vor Artgenossen und Menschen empfinden, auf Androhung negativer Konsequenzen auch nicht mehr ihrer hündischen Natur entsprechend über einen kommunikativen Abgleich im Rahmen gegenseitiger Einflussnahme. Hunde, die in diesem Bereich Lerndefizite aufweisen und durch Respekt- und Rücksichtslosigkeit auffallen, können jedoch wieder lernen, verschiedenste Situationen realistisch einzuschätzen und entsprechend sozial auf ihr Umfeld zu reagieren.

Reglementierung erübrigt sich, wenn der Hund freiwillig die Nähe zum Halter sucht.

EIN WEG AUS DEM DILEMMA

Hier liegt es am Hundehalter, einerseits seinem Hund, wenn nötig, unterstützend zur Seite zu stehen, und andererseits steuernd auf dessen Verhalten einzuwirken, um ihm so Alternativen bezüglich seiner Reaktionen auf das Umfeld näherbringen zu können.
Verhält der Hund sich unangemessen, wird er reglementiert. Ändert er sein Verhalten in die von Ihnen gewünschte Richtung, wird er belohnt. So macht der Hund die Erfahrung, dass seine Aktionen vorhersehbare Konsequenzen für ihn zur Folge haben und es lohnenswerte Alternativen gibt. Als Ergebnis wird er in Konfliktsituationen wieder besser abwägen, welches Verhalten letztlich welche Konsequenz nach sich zieht. Das hilft Ihrem Hund und letztendlich auch Ihnen, stressfreier mit dem Umfeld klarzukommen.

DIE „WIE"-FRAGEN

— Wie lässt es sich vermeiden, dass der Hund immer an der Leine zieht?
— Wie lässt sich der Gehorsam des Hundes optimieren?
— Wie lässt es sich bewerkstelligen, dass man seinem Hund größeren Aktionsraum zugestehen kann?
— Wie lässt sich eine vom Hund ausgehende Selbstzügelung aufbauen?

— Wie lassen sich diese Punkte über einen kommunikativen Abgleich mit dem Hund realisieren?

NUR DURCH SIE FUNKTIONIERT DAS „WIE"

Allein Ihr Wille, dem Bild eines verantwortungsbewussten Hundehalters zu entsprechen, wäre bereits die halbe Miete. Was ich damit sagen will: Es beginnt zunächst in Ihrem Kopf, mit Ihrer inneren Einstellung, tatsächlich Kontrolle auf Ihren Hund ausüben zu wollen. Und Sie müssen bereit sein, ein gewisses Maß an Durchsetzungsvermögen gegenüber Ihrem Hund an den Tag zu legen. Hier bietet im Übrigen der Einsatz der Leine vielfältige Möglichkeiten.

MUT ZUM GRENZENSETZEN

Legen Sie als Erstes etwaig vorhandene Skrupel ab, die Sie darin blockieren, konsequent sowohl räumliche Kontrolle auf Ihren Hund auszuüben, als auch seinen Handlungsspielraum einzuschränken. Bekennen Sie sich selbstbewusst zur Riege derjenigen Hundebesitzer, die – im Rahmen der Gefahrenabwehr – verantwortungsbewusst ihrem Hund notwendige Grenzen aufzeigen. Dazu notwendige Kontrollmechanismen können mental und/oder mittels körperlicher Präsenz und Einwirkung vonstattengehen. Diese Kontrollmechanismen wirken und verankern sich beim Hund am nachhaltigsten, wenn sie so übermittelt werden, dass der Hund sie in erster Linie aus eigenem Antrieb heraus akzeptiert. Wieder steht Motivation an erster Stelle. Wird hierbei noch sein Bedürfnis nach Kommunikation zufriedengestellt, verstärkt das seinen Willen zum Kontakthalten und er wird vermehrt Ihre Nähe suchen.

Damit es Ihnen leichter gelingt, Ihrem Hund das dazu notwendige Regelwerk zu vermitteln, habe ich ein Konzept entwickelt, das schnell und effizient umgesetzt werden kann. Denken Sie ab heute in Freiraumzonen.

Von Welpenbeinen an kennt Yolo nichts anderes, als konzentriert auf sein Frauchen zu achten.

☞ FICHTLMEIERS FÜNF FREIRAUMZONEN

Ziel bei der Umsetzung dieser Freiraumzonen ist oder sollte sein, dem Hund freien Auslauf gewähren zu können, wann immer es die Umstände ermöglichen. In Freiraumzone 1 soll sich die Leine für den Hund hauptsächlich als Nebensache darstellen. Damit entfällt das lästige Ziehen an der Leine.

DAS KONZEPT DER FREIRAUMZONEN

Es verfolgt die Idee, dem Hund nur noch denjenigen Freiraum zur Verfügung zu stellen, der dem Grad seiner Bereitschaft entspricht, jederzeit bereitwillig *in Kommunikation zu treten und so lange in Kommunikation zu bleiben, bis Sie die Kommunikation für beendet erklären.*

Der Hund soll sich dazu – möglichst freiwillig – innerhalb einer der ersten vier Freiraumzonen bewegen. Freiraumzone 5 sollte tabu sein.

Sie beginnen als Erstes im unmittelbaren Nahbereich. Bei konsequenter Umsetzung dieser Idee können Sie dem Hund bald weitere Freiraumzonen anbieten, die sich durch den Umfang des jeweils zur Verfügung gestellten Freiraums unterscheiden lassen.

ICONS FÜR DIE FREIRAUMZONEN ❶❷❸❹❺

Damit Sie bei den Praxisübungen zuordnen können, welche Freiraumzone Sie sich gerade erarbeiten, gibt es passende Icons – einen Kreis mit einer Zahl von eins bis fünf. Sie werden sehen, wie gut Ihnen über diese Icons die Idee der jeweiligen Freiraumzone im Gedächtnis bleibt und Sie sensibler darauf achten lässt, welche Freiraumzone (*abgekürzt im Text auch als FRZ*) Sie Ihrem Hund gerade zugestehen können. Ihr Ziel ist schließlich, auf die Leine verzichten zu können und dem Hund mehr Freilauf bieten zu dürfen.

Freiraumzone 1 – Leine als Nebensache und Bleib 1 – Bleib an meiner Seite

Freiraumzone 2 – Aufgabenstellung ist: „Warte, ich werde dich gleich rufen".

① FREIRAUMZONE 1

Bleib an meiner Seite

Der Hund bleibt so lange dicht an Ihrer Seite, bis er über ein Signal freigegeben wird.

In der Freiraumzone 1 lernt der Hund, sich an Ihren Gesten zu orientieren und bereitwillig Kontakt zu halten. Die Leine kann so zur Nebensache für ihn werden. Sein Orientierungswille an Ihrer Person gestattet es Ihnen, den Hund im Weiteren angeleint zu führen, ohne sich mit einem lästigen Leinengezerre auseinandersetzen zu müssen.

Praktisches zur Freiraumzone 1

- Kontaktaufnahme und stummes Heranrufen über Futter und diverse Körpersignale (ab S. 45)
- Kontaktaufnahme über akustische Aufmerksamkeitssignale (ab S. 52)
- Herankommensignal Hocke durch Honululu verstärken (ab S. 57)
- Kontakthalten verlängern und mit Kontaktende-Geste beenden (ab S. 58)
- Die Besonderheiten der Sitz-Position (ab S. 61)
- An- und Ableinen (ab S. 85)
- Die Ruheübung (ab S. 93)
- Die Leine als Nebensache (ab S. 99)
- Leine als passives Symbol über Bleib 3, Gegenstand ersetzt die Person (ab S. 161)

② FREIRAUMZONE 2

Gemeinsame Aktionen im Sichtbereich

Der Aufgabenbereich des Hundes wird auf denjenigen Sichtbereich beschränkt, in dem der Hund sich noch von Ihnen kontrollieren lässt.

Die in Freiraumzone 2 stattfindenden gemeinsamen Aktionen dienen dem freudigen Herankommen, dem Kontakthalten und der allgemeinen Kontrolle des Hundes. Diese Aktionen sollten für den Hund so fesselnd sein, dass er von sich aus Ablenkungsreize ignoriert. Basis ist die Freiraumzone 1.

Praktisches zur Freiraumzone 2

- Warten im Sitz räumlich erweitern, zeitlich ausdehnen (S. 70)
- Stopp-Signal einführen (S. 71)
- Über Warten im Sitz Selbstkontrolle fördern (S. 74)
- Richtungsweisende Gesten und Herankommen auf Distanz (S. 77)
- Sitz auf Distanz (S. 78)
- Über Sitz auf Distanz zum Stopplaut (ab S. 80)
- Bleib 2 (ab S. 153)

Freiraumzone 3 – Aufgabenstellung war: den Hund freizugeben, zu stoppen, bevor es zu direktem Kontakt mit den anderen Hunden kommt, und ihn wieder in Freiraumzone 1 zu motivieren.

③ FREIRAUMZONE 3

Der Hund läuft frei im Sichtbereich

Der Aktionsradius des Hundes in dieser Freiraumzone wird auf den näheren Sichtbereich beschränkt. Innerhalb der Freiraumzone 3 hat der Hund die Möglichkeit, beim Spaziergang ausgiebig am Wegrand zu schnuppern oder mit Artgenossen auf den entsprechenden Flächen zu toben.

Voraussetzungen

- Sie sind in der Lage, den Hund jederzeit heranzurufen oder/und stoppen zu können.
- Sie lassen Hund und Umfeld nicht aus den Augen.

④ FREIRAUMZONE 4

Der Hund erledigt auf sich gestellt Aufgaben in größerer Entfernung, auch außer Sicht

Dieser Bereich spielt vor allem bei der Ausbildung von Hunden eine Rolle, deren Einsatzgebiet dieses erforderlich macht. Beispielsweise bei Gebrauchshunden wie dem Jagd-, Rettungs- oder Diensthund.

Voraussetzungen

- Sie können sicherstellen, dass sich Ihr Hund auf die von Ihnen gestellte Aufgabe beschränkt, wenn er sich außer Sicht befindet.

Freiraumzone 4 – Apport aus nicht einsehbarem Bereich

- Steuerbarkeit auf weite Distanz
- Kontaktaufnahme auf Zuruf oder Pfiff
- Stopp-Signal außer Sicht mit Rückruf
- Verlässlicher Apport
- Spurtreue
- Verweisen
- GPS

5 FREIRAUMZONE 5

Die Kontrolle über den Hund ist nicht gegeben oder lässt sich nicht sicherstellen

Der Hund befindet sich zum Beispiel in Freiraumzone 5, wenn er sich ohne Aufgabenstellung außer Sicht bewegt, oder die „Leine als Nebensache“ nicht funktioniert und er an der Leine zieht. Ebenso, wenn Sie sich mit ihm in Situationen begeben, in denen Sie die Kontrolle über ihn verlieren könnten.

Situationen, die zum Kontrollverlust führen könnten

- Türglocke: Hund läuft bellend zur Haustür und lässt sich nicht davon abhalten (Belästigung des Besuchers)
- Unbeaufsichtigter Aufenthalt des Hundes im Garten (Verbellen von Passanten, Katzen jagen etc.)
- Unkontrolliertes Aufeinander-Zulaufenlassen bei Hundebegegnungen (nicht vorhersehbares Gruppenorganisierendes Verhaltensmuster (siehe S. 18)
- Nichtanleinen des Hundes bei Begegnungen mit Joggern und Radfahrern (Bewegungsreiz löst Hinterherjagen aus)
- Freies Vorauslaufen auf Wald- oder Feldwegen bei unübersichtlichen Weggabelungen (unvorhersehbare Begegnungen)
- Hund abseits von Wegen über Wiesen und Felder laufen lassen ohne definierte Aufgabenstellung im Rahmen von Freiraumzone 4 (Gefahr von Wildbegegnungen Kitze, Rehe, Hasen etc.)
- Freies Bei-Fuß-Gehen in verkehrsreicher Lage

Freiraumzone 5 – und tschüss!

THEMA 3: DIE LEINE ALS NEBENSACHE

Die Gesetzgebung verlangt, dass Hunde im Sinne der Gefahrenabwehr in bestimmten räumlichen Bereichen und situativ an der Leine zu führen sind. Hier kann die Leine solange Nebensache sein, bis sie zur Kontrollausübung benötigt wird.

Prinzipiell wünschen Sie sich bestimmt, dass Ihr Hund an lockerer Leine und wie selbstverständlich nebenherläuft. Das lässt sich realisieren! Nutzen Sie dazu mein Denkmodell der Freiraumzonen, denn ab dem Zeitpunkt, ab dem Ihr Hund gelernt hat, anhand der Freiraumzone 1 freudig an Ihrer Seite zu bleiben, dabei sein Augenmerk auf Ihre Gesten zu richten und sich über diese lenken und führen zu lassen, wird er das auch tun, wenn ihm Halsband und Leine angelegt wurden. Er wird dem Halsband und der Leine keine besondere Aufmerksamkeit schenken und sich wie gewohnt an Ihnen orientieren und somit an lockerer Leine nebenherlaufen. Leine und Halsband sind Nebensache für ihn.

Auf dem Hundeschulgelände wird das zu Hause Einstudierte zunächst verfeinert …

Vorausgesetzt natürlich, die Leinenlänge ist so bemessen, dass dem Hund dabei derselbe Aktionsradius zugestanden wird, den er bereits von der Freiraumzone 1 her zu akzeptieren gelernt hat, und die Leine wird dabei nicht so ungeschickt gehandhabt, dass er sie als unangenehm empfindet. Zudem wird er mit jeder weiteren Freiraumzone, die Sie sich erarbeitet haben, den Impulsen von außen mit mehr Gelassenheit begegnen.

SENSIBILITÄT, EINFÜHLUNG UND NÄHE

Miteinander zu tanzen, sich gemeinsam zu bewegen macht Spaß. Im Paartanz übernimmt einer den Part des Führenden. Durch körperliche Nähe und durch geringste, steuernde Bewegungen versucht der aktiv Führende seinen Partner zu Drehungen, bestimmten Schritten und Richtungsänderungen zu be-

wegen. Der Geführte überlässt sich und nimmt die feinen Signale und Gesten an. Genauso sollten Sie Ihren Hund auch führen, wenn dieser sich an der Leine befindet.

EMOTIONSLOSES KONTROLL-HILFSMITTEL

Die Leine als Nebensache findet da ihre Grenzen, wo die Situationen einem Hund aufgrund seines Erregungszustandes nicht mehr gestatten, sich auf Signale seines Menschen einzulassen. Das versetzt selbst erfahrene Hundehalter immer wieder in Stress. Dabei ist einer der größten Fehler, wenn über die Leine völlig undifferenziert am Hund herumgerissen wird und es somit zu keiner zufriedenstellenden Übereinkunft bezüglich wiederkehrender ähnlicher Situationen kommen kann. Aktionen, die mittels der Leine stattfinden, dürfen dem Hund nicht als unberechenbar und willkürlich erscheinen. Sie würden ihn nur verunsichern und schlimmstenfalls zu einer sogenannten Leinenaggression führen.

Die Leine sollte stattdessen so zum Einsatz kommen, dass sie eine emotionslose Kontrolle des Hundes gestattet und ihm zeitgleich eine alternative Handlungsweise nähergebracht werden kann (siehe S. 115).

Vordergründig sollte jedoch versucht werden, mein Denkmodell der Freiraumzonen konsequenter umzusetzen, um auf das sich daraus ergebende Konzept der Leine als Nebensache zugreifen zu können.

… und kommt dann wie selbstverständlich im Alltag zur Anwendung.

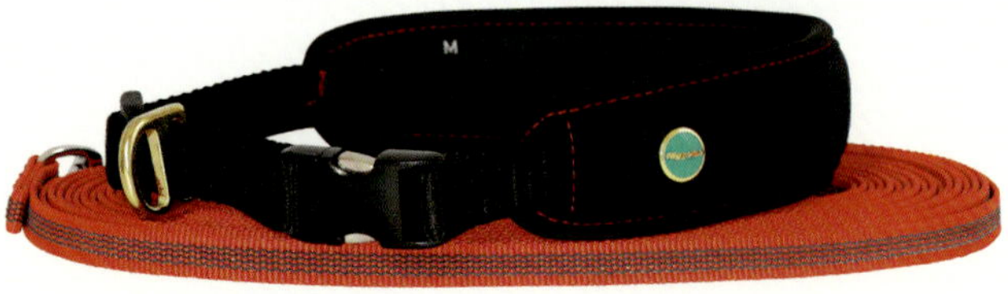

Oben rechts: Führhalsband mit Stopp und Führleine. Unten links: Sicherheitsleine mit weich gepolsterten breiten Zusatzhalsband.

☞ DAS LEINEN-HANDWERKSZEUG

Zur Umsetzung von Fichtlmeiers Leinenkonzept benutzen Sie ein Führhalsband mit Stopp und eine verstellbare Führleine.

FÜHRHALSBAND MIT STOPP

Das Führhalsband mit Stopp ermöglicht Ihrem Hund, dass dieser beim An- und Ableinen problemlos mit dem Kopf in das Halsband hinein- und auch wieder herausschlüpft. Spannt sich die Leine, zieht sich dieses Spezialhalsband bis zum Stoppring zusammen. Der Hund wird nicht gewürgt, kann aber auch nicht einfach aus dem Halsband herausschlüpfen.

FÜHRLEINE

Die Länge der Leine sollte so bemessen sein, dass der Hund ausreichend Zeit hat, sich an den Gesten und Körpersignalen orientieren zu können. Bewährt hat sich in aller Regel eine Leinenlänge von ca. zwei bis drei Metern. Vorteilhaft sind Leinen, deren Länge sich verstellen lässt. So muss man die Leine nicht immer halten, sondern kann sie zum Beispiel auch einmal über die Schulter hängen.

SICHERHEITSLEINE ZUR ABSICHERUNG DES HUNDES

Solange die Gefahr besteht, dass der unangeleinte Hund sich beim Gassigehen entziehen könnte, sichert man ihn über ein extra breites Zusatzhalsband und einer daran angeklickten Sicherheitsleine von ca. fünf bis zehn Metern ab. Das normal verschließbare breite Halsband wird dazu so angepasst, dass der Hund nicht herausschlüpfen kann. Jetzt kann man die Signalübereinkünfte auch unterwegs festigen.

Mithilfe dieser Sicherheitsleine führt man den Hund, als wäre er ohne Leine. Sie soll nicht in seinen Fokus rücken, deshalb wird auch nicht aktiv über diese auf ihn eingewirkt. Sie verhindert lediglich, dass der Hund sich komplett entziehen kann und schränkt seinen Aktionsfreiraum ein. Kann der Hund im Weiteren die Sicherheitsleine nicht als Kommunikationsmittel realisieren, besteht auch nicht die Gefahr einer Fehlverknüpfung auf der Signal- und/oder Kommunikationsebene.

THEMA 4: DIE LEINE ALS KOMMUNIKATIVES SIGNAL-HILFSMITTEL

Es ist sinnvoll, rechtzeitig und gezielt eine vertrauensvolle Kommunikationsebene über Leinensignale aufzubauen. Diese ermöglicht es Ihnen, im Falle eines Falles Ihren Hund leise und sanft aber trotzdem klar und eindeutig durch alle Situationen zu führen.

VERTRAUEN FÄNGT AM HALS AN

Lassen Sie sich einmal mit verbundenen Augen und nur mittels einer Schnur um Ihren Hals von einem Partner durch ein unwegsames Gelände führen. Bereits das Anlegen der Schnur um Ihren Hals bedingt, dass Sie sich voll Vertrauen dem Partner, dem Führenden, überlassen. Eine Übung, die ich gern als praktische Anschauung in meinen Hundekursen mit Hundebesitzern durchführe. Versuchen Sie das einmal und Sie werden ein Gefühl dafür bekommen, wie viel Vertrauen Sie in den Partner investieren müssen. Denn Sie können in der Position des Geführten und Nicht-Sehenden keinem Hindernis, keiner Unebenheit, keiner Gefahr präventiv ausweichen. Sie sind allein auf die von Ihnen Schaden abwendende führende Person angewiesen.
Ebenso sollte sich Ihr Hund gleichsam blind darauf verlassen können, dass Sie ihn mithilfe der Leine unbeschadet und seines Vertrauens wert durch eine für ihn zum Teil mit Reizen überflutete Umwelt führen.

Führleine als aktives Kommunikationshilfsmittel

Die grundlegende Verwendung der Leine soll hauptsächlich der Kommunikation dienen. Um dem zu entsprechen ist es notwendig, dass der Hund die Leine als kommunikatives Signalelement erfährt. Auf diesem engen Raum wird nämlich für beide – Mensch und Hund – Kommunikation unausweichlich. Es liegt allein am Menschen, der die Führleine in der Hand hält, ob Konfrontation zwischen den Partnern entsteht, oder ob ein gegenseitiges Reflektieren stattfindet und ein für beide Seiten angenehmer kommunikativer Prozess in Gang gesetzt wird. Die Leine sollte immer auf eine Art und Weise zum Einsatz kommen, die den Hund verstehen lässt, was von ihm erwartet wird. Um es ihm hierbei zu erleichtern, den Inhalt der Leinensignale eindeutiger zuordnen zu können, ist es sinnvoll, die Leinensignale parallel und dabei analog zu den Bedeutungsinhalten der gezeigten Gesten einzusetzen. Die Leine dient dann zugleich als Signalverstärker.

Körper- und Leinensignal gehören zusammen.

Kontrolle ohne Konfrontation

Da mittels der Leine direkt und unmittelbar auf den Hund eingewirkt werden kann, lässt sich bei entsprechender Herangehensweise auch die Nachgiebigkeit des Hundes fördern. Dazu dienen zwei binäre Zustände der Leine: die lockere oder die gespannte Leine.
Ist die Leine locker, sind Mensch und Hund entspannt. Ist die Leine gespannt, ist der Mensch in Spannung und signalisiert dabei Unnachgiebigkeit. Gibt der Hund nach, entspannt sich augenblicklich auch der Mensch und die Leine ist wieder locker (gibt ebenfalls nach). Spannung ruft Spannung hervor, Nachgeben hat Nachgiebigkeit zur Folge. Die Leine ermöglicht somit auch eine Reduzierung der Kommunikation auf eine Signalebene, die absolut sachlich und emotionsfrei ist.

Deutlich zu sehen: die Leine als Nebensache.

Führleine als Hilfsmittel für soziales Lernen

Je häufiger der unangeleinte Hund die Erfahrung macht, dass der Mensch „keine Rolle spielt", umso mehr kommt es zu seiner Verselbstständigung. Einflussnahme durch den Menschen wird dann deutlich schwieriger beziehungsweise manchmal leider fast unmöglich.
Hat der Mensch bei Hundebegegnungen zum Beispiel keine ausreichende Kontrolle mehr über seinen Hund, macht dieser die Erfahrung, dass er sich einerseits entziehen kann und andererseits allein auf sich gestellt mit Artgenossen Übereinkünfte treffen kann und letztendlich auch treffen muss. Unter gezielter Zuhilfenahme der Leine ist es dem Halter jedoch möglich, einen kontrollierten Kontakt herbeizuführen.
Zum Beispiel: Die Hunde in ausreichendem Abstand zueinander über Geste ins „Sitz" bringen, wenn nötig über den gezielten Einsatz der Leine ins „Sitz" beugen, mit dem anderen Hundehalter ein kurzes Gespräch führen und dann ruhig den Spaziergang fortsetzen (weitere Beispiele ab S. 136). Damit machen die Hunde die Erfahrung, dass ihre Menschen die Situation kontrollieren und zwar zu einem nicht unerheblichen Teil. Die Hundehalter geben ein soziales Modell vor, an dem sich die Hunde unmittelbar orientieren können und letztendlich auch müssen. Zugleich macht der Hund die positive Erfahrung, dass das angebotene Lösungsmodell für ihn von Vorteil ist.

SIGNALE

Signale können Hinweise, Zeichen, Gebärden, Gesten oder Ähnliches sein. Diese werden Stück für Stück zu einer Art Signalsprache zusammengefügt und ermöglichen es dem Hund zu verstehen, was sein Halter von ihm erwartet.

Führleine als Hilfsmittel bei Verhaltensauffälligkeiten

Über eine gezielte Freiraumbeschränkung unter Zuhilfenahme der Leine lernt der Hund mit Situationen und Reizen besser umzugehen, da er ihnen nicht ausweichen kann. Dadurch wird der Hund gelassener und lernt in

Sanfter Zug beugt den Hund ins „Sitz", …

… als Belohnung wird die Leine locker.

weiterer Folge zeitgleich mehrere Reize zu verarbeiten. Das fördert seine Selbstkontrolle. Dabei gezeigte Ruhe und Souveränität des Halters und eindeutige Leinen- und Körpersignale vermitteln dem Hund Sicherheit. Er lernt, sich am Verhalten des Menschen zu orientieren.

Führleine als Symbol – passive Signalübermittlung

Die Leine kann dem Hund als passives Objekt eine Information übermitteln und somit als passives Signal Verwendung finden. Bei immer gleichbleibendem Bedeutungsinhalt wird sie zum passiven Symbol.

Ein Beispiel: Die am Boden liegende Leine bezeichnet den Ausgangspunkt, von dem aus der Mensch eine Apportieraufgabe stellt. Der Hund wartet, während der Mensch einen Apportiergegenstand versteckt. Nachdem der Mensch zurückgekehrt ist, wird der Hund zum Apportieren geschickt und kommt mit dem Gegenstand wieder zu der auf dem Boden liegenden Leine zurück, wo er belohnt wird. Die am Boden liegende Leine symbolisiert hier den Ausgangspunkt einer Aufgabenstellung und den Treffpunkt für die Beendigung der Aufgabe (siehe „Bleib 2", S. 153).

Führhalsband als Symbol – passive Signalübermittlung

Auch ein ganz bestimmtes Halsband erzeugt im Hund dann eine entsprechende Erwartungshaltung, wenn dieses immer in einem ganz bestimmten Funktionszusammenhang Verwendung findet. Das jeweilige Halsband wird also mit einer ganz bestimmten Erfahrung verknüpft. Diese kann angenehm oder unangenehm sein. Das Halsband wird damit zum Symbol für das zu Erwartende.

Ein Beispiel: Das Korallen- oder das Stachelhalsband codieren für Schmerz beziehungsweise für eine unangenehme Einwirkung. Die Folge sind Stresssymptome beim Hund. Das Fährtengeschirr oder das Fährten- bzw. Schweißhalsband (ein spezielles Halsband mit Drehwirbel) codieren für eine freudige Erwartungshaltung in Zusammenhang mit einer spannenden Nachsuchenarbeit.
Wenn keine schweren Ausbildungsfehler begangen wurden, kann man bereits beim Anlegen freudige Erregung und Erwartung auf eine lustbetonte Aufgabe beim Hund beobachten.

Wichtig! Da Sie als Mensch die volle Verantwortung tragen für alles, was dem Hund an der Leine widerfährt, sollten Sie die Leine sensibel, aufmerksam und verantwortungsbewusst einsetzen.

DER WEG ZUR LEINE
— *als Nebensache*

AM ANFANG

— steht die Kontaktaufnahme

KONTAKTAUFNAHME ÜBER FUTTER

Ohne Kontaktaufnahme kann kein Gespräch zwischen Ihnen und Ihrem Hund stattfinden. Ohne Interesse an Ihrem Tun wird es schwer für Sie, den Hund zum Kontakthalten zu bewegen und ihm Informationen zu übermitteln.

1 KREATIVES FÜTTERN

Bieten Sie Ihrem Hund einen interessanten Gesprächseinstieg mit damit einhergehender Belohnung an. Dadurch bewirken Sie bei ihm, dass er künftig vermehrt und gern Kontakt zu Ihnen sucht.

Nutzen Sie für einen ersten Gesprächseinstieg die Attraktivität, die Futter für den Hund darstellt. Die Suche nach Futter entspringt dem Selbsterhaltungstrieb des Hundes und ist deshalb sehr dienlich, um seine Aufmerksamkeit zu bekommen und ihn stärker an seinen Menschen zu binden. Man nutzt dabei den Aspekt der Abhängigkeit. Das ist nichts Negatives, denn das kennt der Hund bereits aus Zeiten bei der Mutterhündin, als er noch nach der Milchquelle suchte. Selbst Straßenhunde, die nicht mit Menschen zusammenleben, suchen vermehrt Kontakt zu Touristen, wenn sie erst einmal die Erfahrung gemacht haben, dass diese Menschengruppe ihnen hilft zu überleben.
Lassen Sie also den starken inneren Antrieb Ihres Hundes den Kontakt zu Menschen zu suchen, um an Futter zu kommen, nicht verkümmern, indem Sie ihm dreimal täglich ohne sein Zutun einen vollen Futternapf frei zur Verfügung stellen. Nutzen Sie stattdessen bewusst die Fütterungszeiten. Wenn Sie ihm hier auf wohldurchdachte Weise sein Futter anbieten, wird er mit freudiger und freiwilliger Kontaktaufnahme darauf antworten – einfach und effektiv. In Folge lassen sich dann die Kontaktaufnahme auch unter Ablenkung sowie das Heranrufen und das Kontakthalten Ihres Hundes auf Signal leichter und zuverlässiger gestalten.

Durch Apportieraufgaben lässt sich später das Kontakthalten des Hundes nach dessen Kontaktaufnahme spannender gestalten.

KONTAKTAUFNAHME IN EINFACHEN SCHRITTEN

Nutzen Sie die Magie einer Futterschüssel und die einzelnen Fütterungszeiten Ihres Hundes.

1 Lehren Sie den Hund, dass er Sie durch eine von ihm ausgehende Kontaktaufnahme (er sieht Sie an) dazu bringen kann, seinen gefüllten Napf auf den Boden zu stellen. Ziel der Übung: Der Blickkontakt löst die Futtergabe aus und das Zungenschnalzen wird vom Hund mit einer positiven Stimmung verknüpft. So gehen Sie vor:

Schritt 1: Die Futterschüssel als Kontakteinstieg

Sie teilen die vorgesehene Portion in drei kleinere Einzelportionen auf und geben das erste Drittel der Ration in seine Futterschüssel. Dann nehmen Sie die Schüssel in die Hand und warten, bis Ihr Hund sich Ihnen zuwendet (Foto 1). Genau das ist der Moment, in dem Sie die Schüssel langsam vor ihm auf den Boden abstellen. Während des Abstellens schnalzen Sie kurz mit der Zunge (Foto 2+3). Damit wird der Hund unbewusst einen Zusammenhang von Blickkontakt, Futterschüssel und Zungenschnalzen herstellen, auf das Sie später gezielt zurückgreifen werden.

Schritt 2: Der Hund sucht den Kontakt

Warten Sie, bis der Hund die Futterschüssel geleert hat. Da er aufgrund der kleinen Portion gewiss noch nicht satt ist, wird er zu Ihnen hochschauen (Foto 4). Genau in diesem Augenblick beugen Sie sich zur Futterschüssel hinab und nehmen diese wieder auf (Foto 5). Damit stellen Sie für den Hund einen Zusammenhang zwischen seiner Kontaktaufnahme und Ihrer Bewegung in Richtung Futterschüssel her.
Unter seinen aufmerksamen Blicken geben Sie jetzt die zweite kleine Portion in die Futterschüssel (Foto 6) und stellen diese unter kurzem Schnalzen mit der Zunge vor ihm auf den Boden ab (Foto 7). Erneut erfährt der Hund wie nebenbei, dass Zungenschnalzen und Überlassen der Futterschüssel irgendwie in Zusammenhang stehen.

Schritt 3: Der Hund sucht bewusst den Kontakt

Wieder warten Sie, bis der Hund die Schüssel geleert hat und zu Ihnen hochschaut (Foto 8). Damit ist jetzt bereits davon auszugehen, dass er bewusst die Kontaktaufnahme zu Ihnen einsetzt, um ein bestimmtes Ziel zu erreichen, nämlich Sie zum Aufnehmen und Nachfüllen der Futterschüssel zu bewegen.
Diese seiner Kontaktaufnahme zugrunde liegende Idee bestätigen Sie im Weiteren, indem Sie die Futterschüssel wie von ihm erwartet aufnehmen, mit der verbliebenen dritten Portion füllen und wie schon zuvor, begleitet von kurzem Schnalzen, vor ihm abstellen. Nachdem er diese leergefressen hat, beenden Sie die Übung mit einer Kontaktende-Geste (siehe S. 58). Wiederholen Sie diese Übung über einige Tage, damit sich das Gelernte bei Ihrem Hund verlässlich verankert.

INTERESSE AN FUTTER

Als Voraussetzung für diese Vorgehensweise muss der Hund deutliches Interesse an Futter zeigen. Sollte er nicht kommen, obwohl Sie mit der Schüssel hantieren und Futter vorbereiten, verschieben Sie die Übung um ein paar Stunden.

SO LERNT DER HUND BEWUSST DEN KONTAKT ZU SUCHEN

01

02

03

04

05

06

07

08

01 *Der Hund sucht von sich aus den Kontakt.*

02 *Wenn sich die Blicke kreuzen, ...*

03 *... wird der Napf abgestellt.*

04 *Der Hund nimmt erneut Kontakt auf und erwartet weiteres Futter.*

05–07 *Diese Idee wird bestätigt.*

08 *Deutlich zeigt der Hund, dass er das Prinzip verstanden hat.*

HILFSGESTE FUTTERHAND

Wenn Sie Ihren Hund einen Teil seines Futters unmittelbar aus Ihrer Hand fressen lassen, wird die direkte Nähe zu Ihnen lohnenswert für ihn.

❶ Aus Ihrer Hand zu fressen erinnert den Hund unterschwellig an die Zeit, als er im direkten Körperkontakt an den Zitzen seiner Mutter Nahrung fand.

Einsatz der Futterhand

Über die Futterhand können Sie den Hund auch außerhalb der Fütterungszeiten zielgerichtet und dabei unkompliziert zum Kontaktaufnehmen und Kontakthalten motivieren. Das stellt ihn noch intensiver auf Ihre Person und die von Ihnen gesendeten Signale ein und fixiert ihn auch ohne Futterschüssel in der Hand auf Sie. Einsatz der Futterhand heißt also: Der Hund erhält einen Teil seines Futters ab jetzt aus der Hand. Ziel: die Motivation zur freiwilligen Kontaktaufnahme wird gefestigt.

Zufälliger Blick wird mit Futterhand belohnt

Das bauen Sie wie folgt auf: Beantworten Sie das zufällige Schauen Ihres Hundes, indem Sie ihm ein Futterstückchen entgegenhalten, das in Ihrer geöffneten Hand liegt (= Hilfsgeste Futterhand). Beugen Sie sich dazu leicht nach vorne, damit er das Futter aus Ihrer Hand problemlos aufnehmen kann. Wenn Sie dem Hund ab jetzt einige Male sofort auf sein Schauen die Futterhand anbieten, wird er immer mehr von sich aus bewusst nach Ihnen sehen.

KÖRPERSIGNAL „HOCKE" KOMMT DAZU

Kombinieren Sie als Nächstes die Hilfsgeste Futterhand mit einem In-die-Hocke-Gehen und etablieren Sie damit ein Signal, über das Sie Ihren Hund stumm heranrufen können.

❶ SIGNAL „HOCKE" VERMITTELN

Das kennt Ihr Hund bereits: Er sucht den Blickkontakt und bewirkt dadurch, dass Sie ihm augenblicklich die geöffnete Hand mit Futter hinhalten. Jetzt schließen Sie den nächsten Schritt nahtlos an. Sie halten ihm nicht nur die Futterhand hin, wenn er zu Ihnen hochsieht, sondern gehen noch zusätzlich schnell in die Hocke.

Bereits nach wenigen Wiederholungen wird für den Hund der Bedeutungsinhalt der Hocke ersichtlich sein und es wird sich bei ihm die Erwartungshaltung einstellen: Hocke ist gleichbedeutend mit Futterhand.

Ohne zusätzliches akustisches Signal belohnt die Futterhand die vom Hund ausgehende Kontaktaufnahme.

Zuerst stellt der Hund einen Zusammenhang zwischen Hocke und Futterhand her.

Signal „Hocke" verdeutlichen

Damit Sie die Hocke und ihre Bedeutung noch mehr in das Bewusstsein des Hundes rücken und seine Reaktion darauf intensiver wird, bieten Sie ihm als Nächstes das Signal „Hocke" schnell aufeinanderfolgend an.

Das geht wie folgt: Der Hund schaut, Sie gehen in die Hocke und wie gewohnt findet er Futter auf Ihrer Handfläche. Noch während er das Futterstückchen kaut, stehen Sie kurz auf, nehmen dabei ein weiteres Futterstück in die geöffnete Hand, drehen sich auf der Stelle um 180 Grad weg vom Hund, gehen jetzt mit dem Rücken zu ihm wieder in die Hocke und halten das Futterstück vor sich hin. Durch dieses Wegdrehen muss der Hund um Sie herumlaufen, damit er das nächste Leckerchen ergattern kann. Er sucht die Futterhand und findet diese nur innerhalb Ihres Gesichtsfeldes.

Das wiederholen Sie mehrmals hintereinander: Aufstehen, sich auf der Stelle wegdrehen (also nicht weggehen), Hocke mit Rücken zum Hund und geöffnete Futterhand vor sich halten. Auf diese Weise bewirken Sie zusätzlich ein längeres Kontakthalten. Da er zudem verinnerlichen soll, dass SIE bestimmen, wann der Kontakt zu Ende ist, wird die Aktion mit einer deutlichen Kontaktende-Geste abgeschlossen (siehe S. 58).

Durch mehrmaliges Sich-Wegdrehen sucht der Hund noch intensiver den Kontakt.

Initiieren Sie stummes Heranrufen anfangs auf kurze Distanz, damit fast augenblicklich die Belohnung folgt.

Wenn der Hund bei Ihnen ist und Ihre Nähe sucht, wird geschmust. Damit belegen Sie das In-die-Hocke-Gehen mit dem Bedeutungsinhalt für positive körperliche Nähe.

STUMMES HERANRUFEN AUF KURZE DISTANZ

Als Nächstes können Sie Ihren Hund bereits über die Hocke stumm heranrufen. Damit der Belohnungsmoment schnell an die Hocke anschließt, sollte der Hund anfangs nur ein bis zwei Meter von Ihnen entfernt sein. Sie warten also den Augenblick ab, in dem er zufällig in Ihre Richtung blickt, gehen schnell in die Hocke und strecken ihm deutlich die Futterhand entgegen. Vermeiden Sie hierbei jeglichen Laut. Nur dann können Sie sehen, ob der Hund sich aufgrund Ihrer Körpersignale reflexmäßig in Bewegung setzt und sich tatsächlich sozusagen stumm heranrufen lässt.

3 STUMMES HERANRUFEN AUF GRÖSSERE DISTANZ

Sobald Ihr Hund sich Ihnen im Nahbereich verlässlich und reflexmäßig nähert, wenn Sie in die Hocke gehen, und er im Anschluss so lange an Ihrer Seite bleibt, bis Sie ihn wieder frei geben, ist es an der Zeit, ihn auch auf größere Distanzen stumm über die Hocke heranzurufen. Verfahren Sie genauso wie beim Heranrufen auf kurze Distanz.

Signal „Hocke" nicht widersprüchlich belegen

Sollte Ihr Hund nicht reflexmäßig auf Ihre Hocke reagieren, dürfen Sie keinesfalls den Fehler machen, ihn befehlend heranzurufen. Damit würden Sie die Hocke negativ belegen. Der Hund könnte folgerichtig kombinieren, dass eine gezeigte Hocke auch mit schlechter Stimmung zusammenhängen kann und es deshalb für ihn empfehlenswerter wäre, erst einmal abzuwarten, bis sich das Gewitter wieder gelegt hat, bevor er sich Ihnen annähert. Startet er also nicht reflexmäßig los, springen Sie sofort auf, entfernen sich hopsend, vollführen dabei regelrechte Freudensprünge und geben glucksende hohe Töne von sich, sodass Ihr Hund gar nicht anders kann, als Sie zu verfolgen. Er sollte Ihnen hinterherlaufen, als

01 Der Napf ist leer. Erwartungsvoll nimmt Franzl Kontakt zu Anton auf und schaut ihn fragend an. Genau in dem Augenblick ...

02 ... geht Anton in die Hocke und bietet die Futterhand mit einem Leckerchen an. Franzl reagiert sofort und kommt herangelaufen.

wären Sie ein Artgenosse, der zum Umhertoben auffordert. Ist er dann bei Ihnen, ist natürlich Scherzen und Knuddeln angesagt.

Bedeutung der Signale hinterfragen

Hinterfragen Sie in aller Ruhe immer wieder die Signalbedeutung Ihrer Hocke sowie den Motivations- und Auslösefaktor Ihrer Futterhand. Dabei lässt sich erkennen, wo noch etwas verbessert werden kann. In jedem Fall wird es hilfreich sein, diese Aktionen mithilfe der Futterschüssel zu den gewohnten Fütterungszeiten zu intensivieren.

KOMBINATION NAPF MIT FUTTERHAND

Über eine gezielte Kombination von Futterschüssel und Futterhand, lässt sich die Signalwirkung der Hocke vertiefen und zusätzlich das Herankommen und Kontakthalten des Hundes festigen. Das beste Ergebnis erzielen Sie natürlich wieder zu den gewohnten Fütterungszeiten.

Der Futternapf bewirkt, dass der Hund hochkonzentriert und motiviert Blickkontakt sucht. Durch den zusätzlichen Einsatz der Futterhand können Sie sich noch während der Hund seinen Futternapf leert etwas von ihm entfernen. Wenn er sich jetzt wie gewohnt nach Ihnen umsieht (Foto 1), rufen Sie ihn sogleich stumm über die Hocke zu sich heran und bieten ihm Futter aus der Hand an (Foto 2). Nachdem er das Leckerchen gefressen hat, gehen Sie zurück in Richtung Futternapf. Der Hund wird Ihnen, wenn er noch hungrig ist, ohne Aufforderung folgen und dort angekommen, feststellen, dass die Schüssel leer ist und Sie auffordernd anschauen. Legen Sie einige Futterstücke in den Napf und während er frisst, entfernen Sie sich wieder einige Schritte. Positionieren Sie sich und warten Sie, bis der Hund Kontakt aufnimmt, um sogleich in die Hocke zu gehen. Variieren Sie dabei jedes Mal Distanz und Position. Das erhöht sein Orientierungsverhalten zu Ihnen.

AKUSTISCHE AUFMERKSAMKEITSSIGNALE

Sie wollen Ihren Hund auch dann gezielt auf sich aufmerksam machen können, wenn er nicht in Ihre Richtung schaut? Dazu benötigen Sie ein akustisches Signal mit der Bedeutung: „Schau, ich will dir was sagen."

1 SCHNALZEN MIT DER ZUNGE

Als Einstieg hat Ihr Hund gelernt, von sich aus den Blickkontakt zu Ihnen zu suchen und sich Ihnen schnell zu nähern, wenn Sie ihn über die Hocke stumm heranrufen. Als Nächstes lernt er, auf Ihr Schnalzen mit der Zunge bewusst Blickkontakt aufzunehmen und dann entsprechend auf nachfolgende Signale (Sitz-Geste, Hocke etc.) zu reagieren. Schnalzen empfiehlt sich deshalb, da der Laut stimmungsneutral ist und auch nicht widersprüchlich moduliert werden kann.

Aufmerksamkeitssignal dient nur der Kontaktaufnahme

Vermeiden Sie eine Mehrfachbelegung des Aufmerksamkeitssignals. Ihr Hund soll diesem nur den ausschließlichen Bedeutungsinhalt „Achtung, Kontakt aufnehmen" zuordnen. Es soll keinesfalls sein Herankommen auslösen, denn dazu dient die Hocke. Er soll schließlich zu der Einsicht gelangen, dass seiner Kontaktaufnahme unterschiedlichste Aktionen folgen können.

Wichtig!
Das Schnalzen empfiehlt sich als Aufmerksamkeitssignal, da es weder befehlend noch unmutig oder aggressiv artikuliert werden kann und stimmungsneutral bleibt. Somit ist die Gefahr einer akustischen Verunsicherung des Hundes äußerst gering.

Bedeutungsinhalt des Aufmerksamkeitssignals verankern

Damit Ihr Aufmerksamkeitssignal als eigenständiges Signal beim Hund verankert wird, lassen Sie immer sofort im Anschluss an dieses eine Belohnung oder eine weitere Aktion nachfolgen. Entweder Sie halten dem Hund im unmittelbaren Nahbereich die Futterhand hin. Oder Sie gehen schnell in die Hocke, um sein reflexmäßiges Herankommen zu bewirken. Sie können auch anderweitig Ihren bestehenden Signalvorrat nutzen, um dann jeweils für eine richtige Beantwortung der gesendeten Signale eine Belohnung folgen zu lassen. Diese Signale könnten beispielsweise richtungsweisende Gesten, Signale für ein Stopp oder Sitz auf Distanz, oder ein „Mach weiter so" sein. Nach der Kontaktaufnahme durch das Schnalzen folgt also immer ein weiterer Hinweis auf etwas, das ihm eine Belohnung verspricht.

Beschränken Sie sich im Nahbereich auf das Schnalzen als Aufmerksamkeitssignal. Das sensibilisiert Ihren Hund für leiseste akustische Signale.

1 BLICKKONTAKTAUFNAHME MIT ZUNGENSCHNALZEN VERKNÜPFEN

Um Ihrem Hund zu vermitteln, dass er auf Ihr Zungenschnalzen Blickkontakt auf-

nehmen soll, nutzen Sie wieder eine seiner Fütterungszeiten und gehen wie folgt vor: Sie verteilen die Hauptportion auf drei Futternäpfe und stellen diese nebeneinander, zum Beispiel auf eine Anrichte oder einen Tisch, und warten, bis der Hund von sich aus den Blickkontakt sucht. Genau in diesem Moment schnalzen Sie kurz mit der Zunge, stellen dann Napf 1 vor ihm ab, warten bis er den Napf geleert hat und wieder zu Ihnen hochsieht. Das ist der Moment, in dem Sie erneut ein Schnalzen mit seinem Blick synchronisieren und darauf folgend Napf 2 hinstellen. Das wiederholen Sie mit dem letzten Napf. Wie nebenbei stellt Ihr Hund einen Zusammenhang zwischen Blickkontakt, Schnalzen und dem darauf folgenden Abstellen des Napfes her. Wieder wird die Fütterungszeit mit einer Kontaktende-Geste (siehe S. 58) beendet.

Anton synchronisiert den Blick von Franzl deutlich mit einem Zungenschnalzen.

Gezielt Blickkontaktaufnahme durch Zungenschnalzen bewirken

Der vorangegangenen Reihenfolge „Blickkontaktsuche des Hundes, Zungenschnalzen und Futternapf abstellen" lassen Sie jetzt die Reihenfolge „zuerst mit der Zunge schnalzen, dann Blickkontakt abwarten und als Belohnung Futter in den Napf legen" folgen. Nach zwei bis drei Wiederholungen wird Ihr Hund bereits reflexartig auf Ihr Zungenschnalzen mit Blickkontaktaufnahme reagieren.

1 Aufmerksamkeitssignal – Hocke – Futterschüssel

Zu Ihrem Aufmerksamkeitssignal nehmen Sie als weiteres Signal wieder die Hocke und als Signalverstärker den Napf hinzu.

Das geht wie folgt: Sie schnalzen mit der Zunge. Der Hund nimmt Blickkontakt auf. Schnell wenden Sie sich von ihm ab, gehen dabei in die Hocke und stellen die Futterschüssel vor sich ab. Der Hund wird Ihrer Bewegung folgen, um Sie herumlaufen und dann das Futter fressen.

Nach wenigen Wiederholungen hat er den Zusammenhang von Zungenschnalzen, Kontaktaufnahme, Hocke und Überlassen von Futter verstanden.

KONTAKTAUFNAHME IST NICHT SELBSTVERSTÄNDLICH

Leider gibt es viele Hunde, die kein Interesse an einer Kontaktaufnahme speziell mit dem eigenen Halter zeigen. Die Gründe dafür sind vielfältig. Nach meiner Erfahrung sind es meist neben der Bedeutungslosigkeit der benutzten Signale auch die für den Hund vielfach unberechenbar erscheinenden und oft unangenehmen Aktionen des Menschen, denen er nicht ausweichen konnte. So sieht ein Hund, vor allem bei interessanter Ablenkung, wenig Veranlassung, freudig heranzukommen und gern an der Seite seines Menschen zu sein.

Signalbedeutung unterscheidbar einsetzen

Sie arbeiten jetzt bereits mit zwei Signalen, dem Schnalzen und der Hocke. Kommunizieren Sie diese so bewusst, dass Ihr Hund sie auch entsprechend unterscheiden kann. Das Schnalzen führt dazu, dass er den Kontakt sucht, um zu erfahren was es Spannendes gibt. Die Hocke löst seine Annäherung aus.

Sie stellen zwei Näpfe auf dem Boden ab und geben in Napf 1 einige Futterbröckchen.

Während der Hund frisst, gehen Sie zu Napf 2, um zu warten, bis er mit Fressen fertig ist, und Sie mit einem Schnalzen seine Kontaktaufnahme bewirken können.

Schnalzen, Blickkontakt abwarten, wegdrehen, Hocke, Futternapf reichen.

Beide Signale funktionieren natürlich nur, wenn es ihm lohnenswert erscheint, darauf entsprechend zu reagieren.

3 AUFMERKSAMKEIT AUF DISTANZ BEWIRKEN

Innerhalb der Wohnräume und im Nahbereich war es bisher ausreichend, wenn Sie mit der Zunge geschnalzt haben, um so den Hund auf sich aufmerksam zu machen. Befindet der Hund sich weiter weg oder ist die Geräuschkulisse zu laut, brauchen Sie ein intensiveres Aufmerksamkeitssignal. Ebenso, wenn er sich innerhalb einer Hundegruppe bewegt. In solchen Situationen flöten Sie freundlich seinen Namen oder benutzen eine Hundepfeife. Mit der Pfeife treffen Sie, unabhängig von ihrer Stimmung, immer den „richtigen“ Ton.

Nachdem der Hund auf Ihr Schnalzen mit Blickkontaktaufnahme reagiert hat, wenden Sie sich als Folgeaktion Napf 2 zu, …

… lassen Futter in Napf 2 fallen und bewegen sich, während er das Futter frisst, in Richtung Napf 1 und verfahren wie bereits beschrieben.

Nicht das akustische Aufmerksamkeitssignal soll den Hund zum Herankommen motivieren, sondern Hocke, Arme ausbreiten und Honululu.

AUFMERKSAMKEITSSIGNALE EINSTUDIEREN

Warten Sie zuerst wieder den Moment ab, in dem der Hund von sich aus Kontakt zu Ihnen aufnimmt. Exakt in diesem Moment geben Sie – jeweils der Situation angepasst – einen Aufmerksamkeitslaut von sich. Sie schnalzen entweder mit der Zunge (Nahbereich *FRZ 1*), oder Flöten seinen Namen bzw. lassen einen Pfiff ertönen (Distanz oder Hundegruppe *FRZ 3*). Schaut der Hund daraufhin zu Ihnen, gehen Sie in die Hocke. Jetzt lässt sich seine unmittelbare Kontaktaufnahme noch intensivieren. Dazu drehen Sie sich, kurz bevor der Hund Sie erreicht, von ihm weg, sodass er um Sie herumlaufen muss, um an die Futterhand zu kommen.

❸ AUFMERKSAMKEITSLAUTE GEZIELT EINSETZEN

Als Nächstes warten Sie, bis Ihr Hund so abgelenkt ist, dass er Sie nicht mehr wahrnimmt. Jetzt ist der richtige Moment, um im Nahbereich mit der Zunge zu schnalzen oder, wenn er sich weiter wegbefindet, leise seinen Namen zu flöten. Nimmt er daraufhin Kontakt auf, gehen Sie schnell in die Hocke und offerieren ihm zeitgleich das Futterstück über die Futterhand. Auch hier wenden Sie sich, kurz bevor er bei Ihnen ankommt, von ihm ab, damit sich seine Kontaktaufnahme intensiviert.

ALTERNATIVE ZUR HOCKE

Ist die Hocke für Sie zu beschwerlich, genügt auch ein leichtes Nach-vorne-Beugen, damit der Körper wie gewünscht optisch ein wenig kleiner wird und den Hund zum Herankommen animiert. Zusätzlich wird das optische Signal wieder durch Wedeln mit den Armen verdeutlicht

❶ ❸ WIEDERHOLEN UND FESTIGEN

Um die freudige Kontaktaufnahme und das Herankommen des Hundes zu festigen, wiederholen Sie die Übungen anfangs über den Tag verteilt mindestens 30 bis 40 Mal aus unterschiedlichen Distanzen zum Hund. Entweder er schaut dabei von sich aus, oder Sie machen ihn bewusst über Ihre beiden Aufmerksamkeitssignale auf sich aufmerksam, um ihn dann über die Hocke zum Herankommen zu motivieren.

Auch hier verwenden Sie wieder Futter aus der täglichen Futterration, denn etwas Appetit fördert zusätzlich sein Interesse an Ihren Signalen.

Nur wenn der Kontaktaufnahme etwas Lohnendes folgt, wie zum Beispiel Futter oder Knuddeln, wird der Hund reflexartig auf diese Signale reagieren.

FICHTLMEIERS HONULULU

Der besondere Stimmungslaut

Die Motivation Ihres Hundes, schnell und freudig zu Ihnen heranzukommen, lässt sich weiter steigern, indem Sie das In-die-Hocke-Gehen mit einem Stimmungslaut koppeln. Das Fichtlmeiersche Honululu empfiehlt sich als idealer Stimmungslaut. Es sollte als Ersatz für gängige Hierhin-Signale eingesetzt werden. Warum? Beim Hierhin-Signal verfällt der Mensch sehr schnell in einen Befehlston, wenn sein Hund nicht wie gewünscht reagiert. Diese Stimmungsveränderung verunsichert viele Hunde und eine freudige und vertrauensvolle Kontaktaufnahme wird damit oft zunichtegemacht.
Hingegen reagiert fast jeder Hund wie hypnotisiert mit freudig interessierter Annäherung, wenn er ein in hohen, glucksenden und sehr freundlichen Tönen geflötetes „Honululu" hört. Außerdem versetzt man sich als Hundehalter beim Flöten von Honululu selbst in eine euphorische, fröhlich-fluffige Stimmung.

Ein weiterer Vorteil von Honululu: Meiner Erfahrung nach fällt es den meisten Menschen sehr schwer, Honululu in unmutiger befehlender oder aggressiver Weise zu modulieren, wenn sie damit einen Hund zu sich rufen sollen. Ich habe das an vielen Hundebesitzern getestet. Bat ich einen Hundehalter, Honululu aggressiv oder befehlend zu artikulieren, offenbarte sich ihm sofort die Widersprüchlichkeit zur eigentlichen Funktion des Honululu als euphorischem Stimmungslaut.

3 VIELE HONULULU-LULU-LULUS STIMMEN EUPHORISCH

Wenn Sie an Ihr Honululu, während der Hund auf Sie zurast, unzählige „Lululus" anhängen, können Sie damit bei ihm über die gesamte Strecke des Herankommens eine anhaltend euphorische Stimmung erzeugen. Diese lässt sich sogar noch intensivieren: Kurz bevor er Sie erreicht, springen Sie schnell auf, sausen davon, lassen zeitgleich Ihren Lockruf ertönen und gehen wieder in die Hocke usw. Tauchen Sie ein in eine euphorische Stimmung mit Ihrem Hund.

Armewedeln erzeugt Bewegung

Ist der Abstand zwischen Ihnen und Ihrem Hund größer, ist es sinnvoll, neben Honululu und In-die-Hocke-Gehen, zusätzlich die Arme auszubreiten und diese lebhaft seitlich neben dem Körper auf und ab zubewegen. So werden Sie für Ihren Hund – vor allem aus größerer Distanz – besser wahrnehmbar und es animiert ihn aufgrund des Bewegungsreizes, noch mehr heranzukommen.

Mit Euphorie geht es wie von selbst.

KONTAKTHALTEN DES HUNDES VERLÄNGERN

Nachdem Ihr Hund freudig herankam, gilt es jetzt, sein Kontakthalten zu verlängern. Damit kommen Sie dem Ziel, ihn ohne Leine führen zu können, wieder einen Schritt näher.

Ihr Hund soll also nicht sofort wieder abdrehen und wegsausen, nachdem er bei Ihnen eingetroffen ist, sondern noch eine geraume Zeit bei Ihnen verweilen. Er soll sich erst wieder von Ihrer Seite entfernen, wenn Sie ihn über eine Kontaktende-Geste freigeben.

1 KONTAKTHALTEN VERLÄNGERN

Zunächst gilt es, das Kontakthalten des Hundes zu verlängern. Das erreichen Sie wie folgt: Nachdem der Hund herangekommen ist und sein erstes Leckerchen erhalten hat, stecken Sie ihm weiteres Futter zu, Leckerchen für Leckerchen. Erst zügig hintereinander, dann kontinuierlich verlangsamt und mit mehr Pausen zwischen den einzelnen Futtergaben. Somit verlängern Sie seine auf Sie gerichtete Aufmerksamkeit.

DIE KONTAKTENDE-GESTE

Damit Ihr Hund die von Ihnen gewünschte Dauer seines Kontakthaltens erfassen kann, benötigen Sie ein Signal, das ihm deutlich

Immer bedenken – emotionales Wohlbefinden schlägt Futterbelohnung um Längen.

vermittelt, dass Sie den Kontakt für beendet erklären. Diese Geste wird wie folgt kommuniziert: Machen Sie eine sanft nach vorne gerichtete Wischbewegung mit der Hand in Hüfthöhe. Unterstützend können Sie ein leises „Lauf" sagen.

Die Kontaktende-Geste vermitteln

Ihr Hund kommt heran und erhält, damit er sich nicht sofort wieder entfernt, kontinuierlich Leckerchen für Leckerchen aus Ihrer Hand.
Irgendwann wird eine Sättigung eintreten oder seine Konzentration nachlassen und er wird sich abwenden. Was jetzt? Innerhalb von Wohnräumen und umzäunten Gebieten haben Sie die Möglichkeit, diesen Augenblick mit der Kontaktende-Geste in Zusammenhang zu bringen, ohne die Gefahr, dass der Hund sich dabei Ihrer Kontrolle entziehen könnte. Sie tun einfach so, als wären Sie derjenige, der den Kontakt beendet. Punktgenau und deutlich koppeln Sie Ihre Kontaktende-Geste an sein Sich-Abwenden. Ab jetzt müssen Sie nur noch darauf achten, dass SIE es sind, der rechtzeitig, also noch bevor der Hund sich eigenmächtig abwendet, den Kontakt für beendet erklärt. Überspannen Sie hier anfangs den Bogen für das Einfordern von Kontakthalten nicht.

3 VARIIEREN SIE DIE ABFOLGE DER SIGNALBAUSTEINE

Nutzen Sie nun als Variation für das Heranrufen und Herankommen Ihren Signalvorrat in unterschiedlichen Situationen. Damit lässt sich überprüfen, ob Ihr Hund deren Bedeutung richtig verstanden und zufriedenstellend verinnerlicht hat. Zudem festigt es Ihre kommunikative Verbindung zu ihm.
So können Sie es angehen: Machen Sie den Hund nach und nach aus den unterschiedlichsten Situationen heraus auf sich aufmerksam. Entweder er sieht zufällig in Ihre Richtung oder Sie geben Ihr Aufmerksamkeitssignal, damit er schaut. Dann fordern Sie ihn wahlweise über Honululu und Hocke oder stumm nur durch ein In-die-Hocke-Gehen auf, sich zu nähern. Das wird natürlich jedes Mal belohnt. Mit der Futterhand, dem Futternapf, Streicheleinheiten oder gemeinsamem Knuddeln und Toben. Sie werden sehen, innerhalb kürzester Zeit wird Ihr Hund reflexartig in dem Moment auf Sie zulaufen, in dem Sie Honululu rufen und in die Hocke gehen. Er wird auch viel öfter von sich aus schauen, um Ihnen zu sagen: „Geh in die Hocke, damit ich heransausen kann und meine Belohnung bekomme."
Klappt das, können Sie den Ablenkungsgrad erhöhen, zum Beispiel durch Üben auf einer Hundewiese oder durch die Anwesenheit eines zweiten Hundes, der sich jedoch etwas abseits an der Leine befinden sollte.

ÜBERSICHT DER BISHER GELERNTEN SIGNALE

1. Aufmerksamkeitssignal – Zungenschnalzen / Namen rufen / Pfeife
2. Hilfssignal – Futterhand / Futternapf
3. Herankommen-Signal – In-die-Hocke-Gehen
4. Herankommen-Signal – Armewedeln
5. Herankommen-Laut – Honululu
6. Kontaktende-Geste

Die bisher gelernten Körper- und Lautsignale helfen Ihnen, Ihren Hund unangeleint in **Freiraumzone 1** auf sich zu konzentrieren. Er wird gern Kontakt zu Ihnen halten. Diese ersten Signalbausteine sollten in zwei bis drei Wochen klappen. Das eine oder andere können Sie im Alltag und auf den täglichen Spaziergängen auch jetzt bereits in **Freiraumzone 3** überprüfen. Ein erster Schritt auf dem Weg, dass die Leine zur Nebensache für den Hund wird, ist gemacht.

EXKURS — *über die Sitz-Position*

DIE BESONDERHEITEN DER SITZ-POSITION

Die Sitz-Position ist die Basis für ein kommunikatives Zusammenspiel von Hund und Mensch.

VORTEILE DER SITZ-POSITION

Die Sitz-Position des Hundes ist ein wichtiges Element, um darauf aufbauend Folgendes zu ermöglichen: An- und Ableinen, Stopp-and-Go, Steadiness, den Hund auf seinen Menschen konzentrieren, sein Kontakthalten fördern, seine Impulskontrolle fördern, ihn auf spezielle Aufgaben konzentrieren, ihn mental fassen, ihn auf nachfolgende Aktionen einstellen und bewirken, dass er sich selbstbezogen versammelt.

AUF DAS HÖRZEICHEN VERZICHTEN

Das Sitz-Signal sollte von Ihnen immer als Bitte – also freundlich – formuliert werden. Dabei verzichten Sie am besten wieder auf ein verbales Hörzeichen. So wird der Hund bewusster auf Sie und Ihre Körpersignale und Gesten achten und gern den Blickkontakt suchen.

Ein weiterer wichtiger Grund, auf Hörzeichen weitestgehend zu verzichten ist, dass verbal gegebene Hörzeichen leichter ins Bedrohliche rutschen können und Sie dabei die motivierende Ebene verlassen. So wird schnell, analog zum Hierhin-Hörzeichen (siehe Honululu, S. 57), aus einem freundlichen „Bitte setz dich“, ein unmutig und aggressiv artikuliertes „Mach Sitz!!!“. Hier ändert sich nicht nur der Tonfall, auch der Körperausdruck driftet ins negativ Bedrohliche und der Aufbau einer vertrauensvollen Nähe leidet, und/oder wird bei fortwährender Wiederholung sogar zunichte gemacht.

1 HUND MIT GESTE FÜR SITZ BEKANNTMACHEN

Für den ersten Schritt, ein Sitz-Signal zu etablieren, benutzen Sie wieder als Hilfsmittel ein Stückchen Futter, das – wie schon beim Herankommen – zum auslösenden Faktor wird.

Sie können wie folgt beginnen: Halten Sie zwischen Daumen und Mittelfinger ein Leckerchen und lassen Sie den Hund daran schnuppern. Dann heben Sie diese Hand mit gestrecktem Zeigefinger langsam hoch und führen sie schräg nach oben über seinen Kopf hinweg. Wenn der Hund mit seinem Blick der Bewegung nach oben folgt, wird er sich hinsetzen. In dem Augenblick, da sein Hinterteil den Boden berührt, geht die Hand sofort nach unten und reicht dem jetzt sitzenden Hund das Futter.

Nach ein bis zwei Wiederholungen dürfte es nicht mehr nötig sein, dem Hund das Leckerchen direkt vor seine Schnauze zu halten, damit dieser wunschgemäß auf die Sitz-Geste reagiert. Die Geste als solche müsste dann ausreichend sein, ein Sitz bei ihm auszulösen.

Nichts Falsches belohnen

Passen Sie jedoch auf, dass der Hund in dem Moment, in dem Sie sein Sitzen mit Futter belohnen wollen, nicht aufsteht oder aufspringt, weil er schneller an das Futterstück in Ihrer Hand herankommen will.

Tut er das, ziehen Sie Ihre Hand blitzschnell weg, damit er keinesfalls das Leckerchen erhascht.

Führen Sie jetzt Ihre zur Sitz-Geste geformte Hand von seiner Schnauze ausgehend erneut nach oben und achten Sie darauf, dass er das Leckerchen in dem Moment zugesteckt bekommt, in dem sein Hinterteil den Boden berührt. Nur so kann er eindeutig zuordnen, welches gezeigte Verhalten Sie belohnen, nämlich das Sitzen und nicht das Aufstehen oder gar das Springen.

SITZ-GESTE DEUTLICH ARTIKULIEREN

Damit der Hund Ihr Sitz-Signal deutlich als solches wahrnehmen kann, gilt es von Anfang an darauf zu achten, die Sitz-Geste klar zu artikulieren.

Freundliche Geste ersetzt Leckerchen.

SITZ-SEQUENZ ALS PROZESS GEGENSEITIGER EINFLUSSNAHME

Was war in der Sitz-Sequenz abgelaufen? Ihre nach oben gehende Hand signalisierte dem Hund, dass jetzt Futter in Aussicht gestellt wird. Daraufhin ging er mit seinem Hinterteil nach unten und setzte sich, weil er zu Recht auf das Leckerchen hoffte. Da Sie dabei punktgenau mit seinem Sich-Hinsetzen die Hand nach unten führten und ihm das Futter überließen, erfasste er nach wenigen Wiederholungen, dass er durch sein Hinsetzen aktiv bewirken konnte, dass sich Ihre Hand seinem Maul nähert. Er hatte Sie sozusagen im Gegenzug dazu aufgefordert, eine von ihm gewünschte Handlung vorzunehmen.

Das war allerdings nichts Neues für ihn. Hatte er doch bereits bei den Versuchsanordnungen bezüglich seiner Kontaktaufnahme Analoges kennengelernt: Sie, der Futterautomat, gaben einen Hinweis – einen Laut – von sich. Er schaute, drückte dadurch den richtigen Knopf am Automaten und die gefüllte Futterschüssel wurde ihm gereicht.

Diese wird besonders verständlich, wenn Sie Ihren Arm dabei nach oben weit über Ihren Kopf hinausführen. Dadurch, dass Sie dabei Ihren Oberkörper aufrichten, vermeiden Sie außerdem, dass sich dieser bedrängend Richtung Hund schiebt.

Kein Sitz-Signal in der Hocke geben

Jedes von Ihnen gegebene Signal soll bei Ihrem Hund eine vorhersehbare Reaktion auslösen. Deshalb dürfen Sie Ihre Signale nicht widersprüchlich miteinander kombinieren. Die Hocke ist ausschließlich das Signal für das Herankommen, ein Den-Finger-nach-oben-Strecken soll dem Hund ein Sitz vermitteln. Geben Sie deshalb die Geste für Sitz nur stehend mit aufgerichtetem Oberkörper und nicht in der Hocke.

1 VON DER HOCKE INS „SITZ"

Sie können nun das bereits Gelernte nutzen und den Hund nach seinem Herankommen nahtlos über die Hocke ins „Sitz" führen. Dazu halten Sie in der Hocke die Futterhand vor sich hin, erheben sich kurz bevor der heransausende Hund Sie erreicht hat (Foto 1) und ziehen die Hand mit dem gestrecktem Zeigefinger hoch, damit dieser zügig die Sitz-

Position einnimmt (Foto 2). Durch ein rechtzeitig gegebenes Sitz-Signal lässt sich auch das lästige Hochspringen des Hundes auf positive Art und Weise unterbinden. Genauer gesagt, auf ein Alternativverhalten umlenken.

Wichtig!
Damit sich bei Ihrem Hund die Erwartungshaltung „Hocke und ausgebreitete Arme bedeuten Futter“ entsprechend verankert, und er reflexartig, hochmotiviert und verlässlich herangesaust kommt, empfiehlt es sich, ihm für einen längeren Zeitraum jedes Mal Futter in der Hocke anzubieten. Dazu nutzen Sie nach wie vor die Fütterungszeiten und die Magie des Futternapfs.

1 BELOHNUNG HINAUSZÖGERN, SITZEN VERLÄNGERN

Wenn das Herankommen und Sitz klappen, können Sie jetzt sein Kontakthalten in der Sitz-Position verlängern. Dazu geben Sie dem sitzenden Hund mehrere Leckerchen so schnell hintereinander, dass er kontinuierlich mit Fressen beschäftigt ist. Wenn Sie das Gefühl haben, er könnte aufstehen, zeigen Sie schnell die Sitz-Geste und reichen ihm wieder mehrere Male in Folge Futter. Verzögern Sie dann kontinuierlich das Überlassen der Futterstückchen. Ist der Hund zudem etwas hungrig, gibt es keinen Grund für ihn, sich von Ihnen zu entfernen. Somit stabilisieren Sie seine Sitz-Position.

01 Kurz bevor der Hund da ist, geht die lockende Futterhand fließend in ein Sitz-Signal über.

02 Geduldig erwartet der Hund das Futter.

Mit fragendem Blick erwartet der Hund die Belohnung.

❶ KONZENTRIERTES SITZ ÜBER AUGENKONTAKT

Zuerst bringen Sie den Hund ins „Sitz“ und führen die hocherhobene Hand mit dem Futterstück langsam über Ihre Stirn nach unten in Richtung Ihrer Nasenwurzel. Dort verharrt Ihre Hand so lange genau zwischen den Augen, bis sich sein Blick mit Ihrem kreuzt. Das ist exakt der Moment, in dem Sie einen Marker für die Belohnung setzen und die Hand eine Bewegung nach unten zu seinem Maul macht.

Klappt das, halten Sie die nächsten Male das Leckerchen seitwärts versetzt in unterschiedlichen Positionen zum Körper. Warten Sie dabei jedes Mal so lange, bis der Hund den Blick vom Leckerchen löst und Ihnen mit der Frage „Wo bleibt das Futter?“ direkt in die Augen sieht. Genau in diesem Moment bekommt er das Futterstück.

KONTAKTHALTEN IST WICHTIGER ALS DIE SITZ-POSITION

Zunächst gibt es keinen Grund unfreundlich zu werden, nur weil der Hund sich nicht reflexartig auf Ihr Signal hinsetzt. Selbst wenn er anfangs aus dem Sitz aufsteht, ist das noch kein Beinbruch. Wenn Sie ihn hier binär reglementieren, besteht die Gefahr, dass Sie damit den Nahbereich, die unmittelbare Position an Ihrer Seite, negativ belegen. Daraus könnte sich schnell ein Meideverhalten Ihnen gegenüber entwickeln.

Denken Sie immer wieder daran: Die unmittelbare Nähe zu Ihnen soll für Ihren Hund immer das Tollste auf der Welt sein. Starten Sie einfach eine Motivationsspirale.

❶ MOTIVIEREND KORRIGIEREN

Eine ausgezeichnete Möglichkeit, den Hund länger bei sich zu halten, sein eigenständiges Lossausen zu unterbinden und ihm die Sitz-

01 Wegrennen bewirkt Kontakthalten.

02 Zusätzliche Lockrufe bewirken ein Aufschließen des Hundes.

Position als positiv näherzubringen, ist sein Losrennen rechtzeitig über Motivation zu verhindern.

Das geht wie folgt: In dem Moment, in dem der Hund unruhig und unkonzentriert wird, drehen Sie sich weg, gehen in die Hocke, halten die Futterhand vor sich und unterstützen das mit einem leise geflöteten „Honululu". Das „Honululu" bewirkt, dass sich Ihr Hund schneller in Bewegung setzt.
Wenn er um Sie herumgesaust ist und seine Schnauze in Richtung Futterhand schiebt, stehen Sie schnell auf, führen dabei die Hand mit dem Futterbröckchen hoch über Ihren Kopf und belohnen den Hund sofort, wenn er sich hinsetzt.

DAS KONTAKTENDE GEHT STETS VON IHNEN AUS

Immer sollte es so sein, dass SIE den Kontakt über eine Kontaktende-Geste für beendet erklären. Erst jetzt darf der Hund sich entfernen und sein Ding machen. Doch was tun, wenn er sich eigenständig entfernt? Auch in diesem Fall empfiehlt es sich als unmittelbare Reaktion darauf, erst einmal tief in die Motivationskiste zu greifen, sodass der Hund gar nicht anders kann, als interessiert mit Ihnen in Kontakt zu bleiben. Arbeiten Sie vermehrt daran, dass er künftig gar nicht daran denkt, sich zu entfernen.

03 Über Körpersignal wird der Hund wieder ins „Sitz" motiviert.

04 Jetzt muss etwas Spannendes auf seinen fragenden Blick folgen.

1 UNERLAUBTES ENTFERNEN BINÄR REGLEMENTIEREN

Wenn Ihr Hund Sie sämtlichen positiven Anstrengungen zum Trotz ignoriert oder sogar Anstalten macht, abzuhauen, was dann? Dann kommen Sie nicht umhin, deutlich aufzuzeigen, dass Sie es nicht einfach so hinnehmen, wenn er versucht, sich mir nichts dir nichts, ohne explizite Freigabe, aus dem Staub zu machen.
Vermitteln Sie ihm über die Binärsprache unverzüglich, dass Sie es nicht in Ordnung finden, wenn er den Grünen Bereich an Ihrer Seite verlassen und damit seinen Freiraum ausdehnen will. Verfolgen Sie diese Einstellung und Vorgehensweise konsequent, dann wird mit jedem Mal seine Hoffnung dahingehend schwinden, dass er Sie diesbezüglich in Frage stellen könnte.

SITZ-GESTE MITHILFE EINES KÖRPERSIGNALS VERDEUTLICHEN

Indem Sie zusätzlich zu Ihrer Sitz-Geste den ganzen Körper parallel als Signalgeber mit einsetzen, erreichen Sie, dass Ihr Hund sich noch stärker animiert fühlt, sich hinzusetzen.

01

02

01 – 03 Das Entfernen des Hundes wurde durch Unmut unterbunden. Jetzt wird er durch Wegrennen wieder dazu motiviert aufzuschließen.

Gehen Sie dazu leicht in die Hocke und richten Sie sich synchron zur Bewegung Ihrer nach oben geführten Hand wieder auf. Sowohl Zeigefinger als auch Körper ziehen den Hund jetzt optisch mit nach oben. Die Signalwirkung wird damit ausdrucksstärker und noch deutlicher und erleichtert es Ihrem Hund, Sie auch auf weite Distanz lesen zu können.

KÖRPERSIGNAL IN DEN VORDERGRUND STELLEN

Oft ist es angebracht, den Hund nur mit dem Körpersignal ins „Sitz" zu bringen. Zum Beispiel, wenn Sie etwas mit beiden Händen tragen und es Ihnen somit nicht möglich ist, die Sitz-Geste mit dem Zeigefinger zu geben. Es hilft auch den Hund beim Stopp-and-Go besser auf die Dynamik der dabei ausgeführten Bewegungen einzustellen und erleichtert ihm, sich entsprechend zu koppeln. Um das zu bewerkstelligen, lassen Sie die Fingergeste leise ausschleichen und motivieren den Hund schließlich nur noch anhand des Körpersignals, sich hinzusetzen.

So funktioniert es im Einzelnen: Zu Beginn wiederholen Sie einige Male die Sitz-Geste zusammen mit dem Körpersignal. Dann führen Sie Ihre Hand mit dem gestreckten Zeigefinger immer weniger mit nach oben, bis Sie die Hand mit dem Leckerchen in Magenhöhe belassen. Auf diese Weise tritt das Körpersignal mehr und mehr in den Vordergrund. Schließlich reduzieren Sie sich ganz auf das Körpersignal (Leicht-in-die-Knie-Gehen und Sich-Strecken). Achten Sie darauf, das Körpersignal deutlich zu artikulieren, damit es den Hund richtiggehend mitzieht und zum Mitmachen animiert.

Um das Hinsetzen auf Signal zu festigen, sollten Sie konsequent die vielen Möglichkeiten ausnutzen, die sich über den Tag verteilt bieten. Dabei können Sie der Situation entsprechend wahlweise den Zeigefinger heben, nur das Körpersignal geben oder beides zusammen nutzen.

WOZU BRAUCHEN SIE DIE SITZ-POSITION?

Aus dem Sitz können Sie den Hund:

- an- und ableinen,
- auf sich konzentrieren, bevor Sie mit einer „Wir gehen los"-Geste starten,
- versammeln, bevor Sie ihn freigeben oder weiterschicken,
- auf sich konzentrieren, damit er mit Spannung Ihr nächstes Signal abwartet und so das Umfeld ausklammert,
- Blickkontakt gezielt als lohnenswert darstellen.

FREIRAUMZONE 1 – BLEIB AN MEINER SEITE

Zur Erinnerung: In der ersten Freiraumzone hilft die Sitz-Position, dass der Hund sich unangeleint an Ihren Gesten orientiert und bereitwillig Kontakt zu Ihnen hält. Ein weiterer Schritt auf dem Weg, dass die Leine zur Nebensache für ihn wird.

Nur wenn das Körpersignal deutlich ist, kann auf die Sitz-Geste verzichtet werden.

WARTEN IM SITZ

Beim Warten im Sitz macht Ihr Hund die Erfahrung, dass es lohnenswert ist, Ihnen für längere Zeitabschnitte seine Aufmerksamkeit zu schenken. Er lernt zudem, Außenreizen auch in anderen Situationen mit mehr Gelassenheit zu begegnen.

Sie bewegen sich beim Warten in den Sitz-Übungen mit dem Hund im Wechsel zwischen der Freiraumzone 1, wo der Hund unmittelbar an Ihrer Seite bleiben soll, und der Freiraumzone 2, wo dem Hund eine Aufgabe gestellt wird und er sich von Ihrer Seite nur soweit wegbewegen darf, dass er in Ihrem Sichtfeld bleibt und Sie ihn noch kontrollieren können.

KONTAKTHALTEN INTENSIVIEREN DURCH „WARTEN IM SITZ"

Über das „Warten im Sitz" findet ein dynamischer kommunikativer Abgleich über ein sich gegenseitiges Beeinflussen statt. Hier fördert der ohne Unterbrechung stattfindende Signalfluss eine länger anhaltende gegenseitige Konzentration aufeinander. Es sind Aktionen, die aus Ruhe, Konzentration und der Wahrnehmung des Sozialpartners heraus geschehen. Das wirkt sich auch auf andere Bereiche positiv aus.

Wichtig: Übermitteln Sie Signale besonders im Anfangsstadium überwiegend über Gesten. Das hilft auch Ihnen, sich für das Körpersprachliche zu sensibilisieren und Ihr kommunikatives Verhaltensrepertoire weiterzuentwickeln.

DIE WARTE-GESTE

Damit Ihr Hund weiß, dass er warten soll, wenn Sie sich von ihm entfernen, benötigen Sie ein Signal, das ihm deutlich anzeigt, was jetzt von ihm erwartet wird. Dazu lernt er als

01 Deutlich wird der Hund ins „Sitz" motiviert.

Nächstes die Warte-Geste kennen. Bei der Warte-Geste kehren Sie die Innenfläche Ihrer Hand nach außen und spreizen dabei die Finger, damit Ihre Hand optisch größer wirkt. Halten Sie Ihre Hand mittig in Magenhöhe und heben Sie dabei Ihren Ellenbogen ebenfalls auf Magenhöhe an.
Dieses Gebilde soll sich für Ihren Hund wie eine unüberwindbare Barriere darstellen.
Will heißen: Die Geste soll so ausgeführt werden, dass der Hund lediglich davon abgehalten wird aufzustehen und nachzufolgen. Sie darf den Hund in keiner Weise bedrängen, da er sonst aus der Sitz-Position gedrückt würde und diese als negativ empfinden könnte.

02 Die Warte-Geste blockt ihn sanft.

Auf diese Weise wird die Warte-Geste zwischen zwei Sitz-Signalen platziert. Nicht die Warte-Geste steht im Vordergrund, sondern erst einmal das für den Hund bekannte Sitz-Signal, das sich bisher stets für ihn gelohnt hat. Die Warte-Geste hält den Hund eher wie nebenbei davon ab, die Sitz-Position zu verlassen. Bei den nun folgenden Wiederholungen des Signalablaufs bleiben Sie jedes Mal etwas länger in der seitlich abgewendeten Position stehen, bevor Sie sich dem Hund wieder zuwenden.

Sie fördern mit dieser unaufgeregten, jedoch sehr deutlichen und wortlosen Kommunikation sein Interesse an Ihren Handlungen. So macht es für ihn Sinn, Sie zu beobachten und sich auf Ihre Körpersprache zu konzentrieren. Da der Hund Ihre Signale immer besser zuordnet und versteht, was von ihm erwartet wird, kann sich eine innere Ruhe bei ihm einstellen, wenn er die Sitz-Position einnimmt. Das hilft Ihnen, wenn Sie ihn später über Apportierübungen auslasten möchten.

1 DEM HUND DAS WARTEN IM SITZ ERKLÄREN

Bringen Sie den Hund über die Sitz-Geste und das Sitz-Körpersignal in die Sitz-Position (siehe Foto 1, S. 68). Jetzt vermitteln Sie ihm die Warte-Geste dadurch, dass Sie Ihren Körper etwas seitlich von ihm abdrehen und mit der Innenseite Ihrer quer zum Hundekopf gehaltenen Hand die Warte-Geste (Foto 2) offerieren. Halten Sie den Arm leicht angewinkelt vor Ihren Körper und achten Sie darauf, dass Ihre Hand sich nicht bedrängend auf den Hund zubewegt. Ihre Geste soll ihm wie eine unüberwindbare Hürde erscheinen und ihn davon abhalten, sich in Ihre Richtung zu bewegen. Nachdem Sie sich einen Augenblick von ihm weggedreht haben, wenden Sie sich ihm wieder frontal zu und belohnen sein kurzes Sitzenbleiben durch ein Leckerchen aus der anderen Hand, die zusätzlich als Unterstützung kurz eine Sitz-Geste zeigt.

01 Im Wechsel findet ein Zügeln und Belohnen des Hundes statt ...

02 ... und ermöglicht dem Hund, die Warte-Geste zu erfassen.

Warte-Geste – seitlich abgedrehter Körper und quer gehaltene Hand

Stopp-Geste – frontal zum Hund hin gedrehter Körper und nach oben gedrehte Hand

2 „WARTEN IM SITZ" – RÄUMLICH ERWEITERN UND ZEITLICH AUSDEHNEN

Als Nächstes entfernen Sie sich ein bis zwei Schritte von Ihrem sitzenden Hund. Wie ein Pantomime legen Sie dabei Ihre zur Warte-Geste gewordene Hand an eine unsichtbare Wand, während Sie den Arm beim Weggehen zeitgleich durchstrecken. Damit bleibt Ihre Hand kurzzeitig wie ein Hindernis vor dem Hund stehen, was die Aussagekraft der Geste erhöht. Wieder bleiben Sie eine kleine Weile leicht abgewendet zum Hund stehen, drehen sich dann zu ihm hin, kommen zurück und belohnen ihn.

SITZ-POSITION IST POSITIV

Wenn der Hund in der Sitz-Position immer Positives erfährt, wird er sich mehr und mehr im Sitz selbst zügeln und auch konzentrierter auf Ihr gesamtes Verhalten achten.

Zur Festigung dieser Signalkombination wiederholen Sie das Ganze einige Male und erweitern dabei kontinuierlich die Distanz und den Zeitabschnitt, bis Sie zu ihm zurückkommen und ihn belohnen.

Die mentale Einstellung bei der Warte-Geste

Versuchen Sie eine entsprechende innere Stimmung in sich zu erzeugen, damit Sie mit Ihrer Warte-Geste bei Ihrem Hund wirklich dessen Warten bewirken, unabhängig davon, was im Anschluss folgt. Denken Sie sich zum Beispiel „Warte kurz, ich hol nur schnell Futter" oder „Warte kurz, ich will mir das allein anschauen!"

Über Warten im Sitz zum Stopp-Signal

Meine binärsprachliche Herangehensweise an das Warten im Sitz gestattet und erleichtert es Ihnen, Ihrem Hund über ein Stopp-Signal einen Verhaltensabbruch näherzubringen, auf den Sie auch in anderen Situationen zugreifen können.

Bereits im Ansatz verhindert die Stopp-Geste ein Aufstehen des Hundes.

Warten verdeutlichen über Verhaltensabbruch

Arbeiten Sie als Nächstes daran, dass Ihr Hund konzentriert in der Sitz-Position bleibt, indem Sie entsprechend seinem Handeln reagieren. Steht Ihr Hund aus dem Sitz auf und will Ihnen nachlaufen, wird ihm binär vermittelt, dass er sich falsch verhält. Jetzt kommen die ermahnende oder die resolute Stopp-Geste zur Anwendung.

DIE ZWEI STOPP-GESTEN

Die Warte-Geste und das seitliche Abdrehen Ihres Körpers gestatten Ihnen, Ihren Hund im Nahbereich und auf Distanz im Sitz zu halten, ohne ihn dabei zu bedrängen. Steht Ihr Hund jedoch aus dem Sitz auf und will zu Ihnen laufen, benötigen Sie ein Signal, das ihn zwar davon abhält, sich weiter nach vorne zu bewegen, ihn dabei aber nicht so verunsichert, dass er ausweichend die Flucht ergreift. Er soll lediglich seine Aktion abbrechen und sich wenn möglich eigenständig wieder hinsetzen. Das leistet die ermahnende Stopp-Geste.

Sollte der Hund diese leise Kommunikationsebene nicht annehmen und nicht in seiner Bewegung innehalten, folgt die resolute Stopp-Geste. Auch die resolute Stopp-Geste und Ihr Bestehen auf sein Kontakthalten müssen äußerst sensibel im Sinne eines kommunikativen Wechselspiels an Signalen ablaufen.

Ermahnende Stopp-Geste

Die ermahnende Stopp-Geste soll den Hund leise davon abhalten, sich nach vorne in Bewegung zu setzen. Sie funktioniert am besten, wenn sie bereits im Ansatz seines Aufstehens aus dem Sitz gegeben wird.

2 Ausführung der ermahnenden Stopp-Geste

Formen Sie aus der Warte-Geste die ermahnende Stopp-Geste, indem Sie die Hand nach oben drehen, dabei leicht die Finger spreizen und eine sanft blockende Bewegung nach vorne Richtung Hund ausführen. Gleichzeitig macht auch Ihr Körper eine nach vorne gebeugte Bewegung zu ihm hin (Foto). Ignoriert der Hund diese ermahnende Stopp-Geste, vermitteln Sie ihm augenblicklich, dass Sie es wirklich ernst meinen und gehen zur resoluten Stopp-Geste über. Wenn Sie dabei die zweite Hand zum Einsatz bringen, wird es noch verständlicher für Ihren Hund, was Sie von ihm erwarten.

Resolute Stopp-Geste

Wenn Sie sich nachfolgenden Ernstfall beim Üben vorstellen, hilft Ihnen das, Ihre resolute Stopp-Geste auf den Punkt zu bringen: Ihr Hund befindet sich auf der gegenüberliegenden Straßenseite und will gerade auf Sie zulaufen, als sich mit hoher Geschwindigkeit ein Auto nähert. Glauben Sie mir, in solch einem Ernstfall würden Sie Ihre Stopp-Geste überaus deutlich kommunizieren.

② Ausführung der resoluten Stopp-Geste

Sie holen mit der Hand aus, wobei Sie diese am besten über Kopfhöhe führen. Diese von oben kommende Bewegung führen Sie mit dabei gespreizten Fingern aus (siehe rechtes Foto S. 70). Das macht die Geste noch bedrohlicher. Zeitgleich gehen Sie beherzt auf den Hund zu und lassen als Signalverstärker zusätzlich ein lautes „Stopp!" ertönen.

01 Die ermahnende Stopp-Geste zügelt den Hund.

DAS LEISTET WARTEN IM SITZ

Durch Warten im Sitz:

- konzentrieren Sie den Hund auf Ihre Gesten und Signale,
- erzeugen Sie eine positive, kontrolliert ablaufende Spannung und Aufmerksamkeit beim Hund,
- lernt Ihr Hund, Nebenreize immer mehr auszuklammern,
- fördern Sie Selbstbeherrschung beim Hund,
- halten Sie und Ihr Hund mentalen Kontakt, der je nach Situation auch in anderen Bereichen funktioniert,
- findet ein dynamischer binärer Abgleich an Signalen und damit ein gegenseitiges Beeinflussen statt,
- legen Sie die Basis für erstes Stoppen aus der Bewegung, Apportieraufgaben, Hin- und Herschicken, schnelles Herankommen und vieles mehr,
- erhöht sich die Motivation des Hundes auf das nun Folgende.

Bei entsprechender innerer Einstellung wird Ihre Körpersprache exakt das ausdrücken, was es jetzt auszudrücken gilt. Nämlich: „Stopp! Keinen Schritt weiter!" Ihr Hund wird erstaunt und leicht verunsichert stehenbleiben. Das ist genau der Augenblick, in dem Sie Ihren Belohnungsmarker setzen. Das heißt, Sie nehmen den Druck aus Ihrem Körpersignal, formen das Stopp-Signal zu einer Warte-Geste um und bieten mit der anderen Hand freundlich motivierend eine Sitz-Geste an. Jetzt gehen Sie entweder zu ihm hin und belohnen ihn mit einem Leckerchen, oder Sie nehmen die Sitz-Geste zeigende Hand herunter, drehen Ihren Körper wieder seitlich zum Hund und entfernen sich nochmal mit der Warte-Geste.
Überspannen Sie den Bogen nicht, indem Sie zu lange warten, bis Sie zum Hund zurückkehren und er seine Belohnung erhält. Kleine Schritte sind meistens erfolgversprechender.

STOPP ALS SIGNALVERSTÄRKER

Sollte es notwendig sein, das Stopp-Signal mehrmals wiederholen zu müssen, weil Ihr

02 Die resolute Stopp-Geste stoppt ihn.

03 Der Hund besinnt sich auf ein „Sitz“ …

04 … was augenblicklich belohnt wird.

Hund Anstalten macht, immer wieder aufzustehen, fügen Sie jetzt zusätzlich als Hörzeichen ein explosionsartig formuliertes, verbales „Stopp!“ oder einen scharfen Pfiff (Triller) auf einer Hundepfeife hinzu. Das lässt Ihre Stimmung noch mehr zur Geltung kommen. Fast zeitgleich erfolgt ein sofortiges Wiederholen der motivierenden Sitz-Geste und damit der Hinweis „Das wäre richtig“.
Später hilft Ihnen der Stopplaut, um das augenblickliche Verhalten Ihres Hundes zu stoppen und seine Kontaktaufnahme zu bewirken, wenn er gerade nicht auf Sie achtet.

ÜBUNGEN FÜR WARTEN IM SITZ

Warten im Sitz soll Ihnen helfen, den Selbstkontrollmechanismus Ihres Hundes in Gang zu setzen. Je besser Ihnen das gelingt, desto leichter können Sie ihn von unerwünschtem Verhalten auf erwünschtes Alternativverhalten umlenken.
Über unterschiedliche Aktionen mithilfe des Wartens im Sitz lässt sich erreichen, dass Ihr Hund lernt, sich selbst zu zügeln und ein unerwünschtes Verhalten unterlässt, und sich stattdessen für ein von Ihnen gewünschtes Verhalten entscheidet.

1. Das unerwünschte Verhalten wäre: Der Hund gibt einem Impuls nach und verlässt die Sitz-Position.
2. Die von Ihnen gewünschte Handlung ist: Der Hund unterdrückt diesen Impuls bewusst, bleibt in der Sitz-Position und wartet auf das nun Folgende. Darüber hinaus entfernt er sich erst, wenn Sie das Kontaktende-Signal geben.

Selbstzügelung benötigt Interesse an Ihrer Person

Im Anfangsstadium gelingt es Ihrem Hund vielleicht noch nicht, allzu lange im Sitz zu verweilen. Ihm fehlen Konzentration und Ruhe, die ihm auch bei Ablenkung eine Selbstzügelung gestatten würden. Ruhe und Konzentration müssen erarbeitet werden. Gelegenheiten gibt es dafür viele.
Sehen Sie die nachfolgenden Vorschläge nicht als feststehende Übungen an, sondern nutzen Sie diese, um alle bisher gelernten Signale und Gesten selbst zu verinnerlichen und in den unterschiedlichsten Alltagssituationen als kommunikativen Wortschatz anzuwenden.

2 ÜBUNG: SELBSTKONTROLLE ZUR FÜTTERUNGSZEIT

Für den Ablauf nutzen Sie den Napf und Futter aus einem extra Beutel. Geben Sie immer nur ein paar Bröckchen Futter aus dem Beutel in den Napf, damit sich bei Ihrem Hund nicht so schnell ein Sättigungsgefühl einstellt.

Und so geht es: Mit der Schüssel in der Hand motivieren Sie den Hund zuerst ins „Sitz“. Dann entfernen Sie sich ein bis zwei Schritte, blocken ihn dabei mit der Warte-Geste (Foto 1) und stellen den Napf ab (Foto 2). Wieder zurück beim Hund, motivieren Sie ihn dazu, Sie anzuschauen (Foto 3). Dann geben Sie mit einer zur Schüssel hinweisenden Geste (Foto 4) und einer leichten Körperbewegung nach vorne den Napf zum Fressen frei.

Variante 1: Während Ihr sitzender Hund Sie aufmerksam beobachtet, können Sie als Nächstes mit dem Napf in der Hand hinter ihn oder um ihn herum gehen. Er wird Ihnen dabei mit den Augen folgen und darauf warten, dass Sie sich endlich annähern. Zeigt er sich dabei ruhig und konzentriert, können Sie auch kurz aus seinem Blickfeld verschwinden, dann zu ihm zurückkehren, den Napf abstellen und ihm nach Blickkontaktaufnahme über die hinweisende Geste das Fressen gestatten. Bewegen Sie sich immer nur soweit um den Hund herum, dass er dabei nicht scheitert. Erst wenn er diesen Schwierigkeitsgrad erfolgreich gemeistert hat, ist es an der Zeit, einen Schritt weiterzugehen.

Variante 2: Nachdem Sie den Hund ins „Sitz“ gebracht haben, gehen Sie in die Küche, holen dort den Napf, gehen wieder zum immer noch sitzenden Hund zurück und stellen die Schüssel vor ihm ab.
Motivieren Sie den Hund zum Blickkontakt und gestatten Sie ihm daraufhin mit einer zum Napf hinweisenden Geste, diesen zu leeren. Glauben Sie mir: Ein paar Sekunden lang sitzend zu warten, bis Sie mit dem gefüllten Napf zurückkommen und dann noch Blickkontakt zu halten, ist für den Hund anfangs schwer.
Hat Ihr Hund mehrmals die Aufgabe „Brav sitzen und warten, bis Frauchen/Herrchen den Napf aus der Küche bringt“ gemeistert, lassen Sie sich mehr Zeit, bis Sie wieder aus der Küche zurückkommen. Sie können zum Beispiel sein Futter zubereiten, während der Hund im anderen Raum im Sitz auf Sie und den Napf wartet. Sie können zusätzlich die Zeit des Anschauens verlängern, bevor er den bereits vor ihm abgestellten Napf leeren darf. Wechseln Sie jetzt auch immer öfter den Ort, zum Beispiel indem er als Nächstes draußen im Garten wartet.

Variante 3: Mittlerweile können Sie Ihr Signal-Repertoire immer mehr ausschöpfen. Sie bringen den Hund vor der Küche ins „Sitz“. Dann holen Sie den Napf aus der Küche, gehen mit diesem am Hund vorbei, stellen den Napf draußen im Garten ab, gehen zum Hund zurück, stellen sich neben ihn, fordern ihn mit Schnalzen und dem „Wir gehen los“-Signal (siehe S. 100) auf, mit Ihnen mitzukommen, gehen über Stopp-and-Go (siehe S. 104) in den Garten hinaus bis zum Napf, lassen ihn sitzen und fressen.

01

02

01 – 04 Der Hund wartet. Der Napf wird abgestellt. Der Hund wird kurz auf Augenkontakt konzentriert und dann mit deutlicher Geste zum Futternapf geschickt. Während der ganzen Übung sollte man ihn nicht aus den Augen lassen.

03

04

Variante 4: Sie starten wie bei Variante 3, nur dieses Mal verlängern Sie die Dauer, bis er an den Napf darf. Denn es geht erst einmal am Napf vorbei, um diesen herum, von diesem weg und wieder zurück. Dazwischen ein Stopp-and-Go mit Stehenbleiben über Trippelschritt (siehe S. 101), Losgehen und schneller werden, wieder verlangsamen, deutliche Kehrtwendung usw. Seien Sie kreativ.
Doch vergessen Sie nicht: Gehen Sie immer erst dann zum nächsten Schritt über, wenn Ihr Hund den vorherigen gut gemeistert hat. Sie haben viel Zeit. Nichts drängt Sie. Mithilfe der bisher gelernten Körpersignale eröffnen sich Ihnen unzählige Möglichkeiten, das bestehende Signalverständnis des Hundes zu verbessern und auf andere Bereiche auszudehnen. Denken Sie hier zum Beispiel an ein Gehen an lockerer Leine.

Wichtig: Jedes Warten-im-Sitz-Training festigt das Signalverständnis und damit auch den Gehorsam Ihres Hundes.

01

02

Variation 5: Bringen Sie den Hund ins „Sitz“ und entfernen Sie sich ein gutes Stück von ihm (Warte-Geste nicht vergessen). Dann stellen Sie die mitgenommene Schüssel neben sich ab und rufen den Hund aus der Sitz-Position über die Hocke heran. Ist er da, motivieren Sie ihn wie gewohnt ins „Sitz“, warten seinen Blickkontakt ab, und bieten ihm daraufhin mit einer hinweisenden Geste den Napf als Belohnung an.

Als Nächstes entfernen Sie sich ca. 40 Meter vom Hund, stellen dort die mit zwei bis drei Leckerchen gefüllte Schüssel ab und gehen auf annähernd 20 Meter zu ihm zurück. Dann rufen Sie ihn wie gehabt heran, bringen ihn ins „Sitz“ und gehen (mit Warte-Geste) ein Stück weiter in Richtung Futternapf. Wenige Schritte vor dem Napf bleiben Sie stehen, rufen den Hund erneut über die Hocke heran und bringen ihn wieder ins „Sitz“. Dann schicken Sie ihn mit hinweisender Geste zum Napf (siehe Foto 1, S. 79).

Hier steigert sich die Motivation des Hundes, Ihren Signalen Aufmerksamkeit zu schenken, da er der Belohnung schrittweise näher kommt.

2 VARIATION FÜR FORTGESCHRITTENE

Bei dieser Übung für Fortgeschrittene wird es richtig schwierig. Sie haben Ihren Hund mehrmals über die Hocke herangerufen, ins „Sitz“ gebracht, sich wieder entfernt und ihn erneut herangerufen. Jetzt sind es nur noch wenige Meter zum Napf. Ihr Hund sitzt und Sie entfernen sich ein weiteres Mal vom Hund, gehen allerdings am Napf vorbei und bleiben in zehn Meter Distanz zu diesem stehen.

Ihr Hund soll auf Ihr Herankommen-Signal den Napf passieren und auf direktem Weg zu Ihnen laufen. Er soll also dem Impuls, am Futternapf stehen zu bleiben, um zu fressen, nicht nachgeben, sondern sich für Sie entscheiden. Das ist gewiss nicht leicht für ihn. Bleibt er beim Napf stehen, wird er binär mit einem „Nein“ und einer körperlich bedrohenden Geste reglementiert. Zeigt er sich beeindruckt, müssen Sie augenblicklich reagieren, indem Sie mit einem motivierenden „Honululu“ und mit überschwänglich und freudig motivierendem Gestikulieren von ihm wegrennen. Der Hund wird begeistert Anschluss

03

01 Chris blockt den Hund über die Warte-Geste und entfernt sich langsam, wobei sie ihm den Rücken zudreht. Beim Weggehen hat sie ihn weiterhin im Blick, damit sie ihn gegebenenfalls korrigieren kann.

02 Nachdem sie sich wieder zum Hund hingedreht hat, verharrt sie noch einen Augenblick und entspannt sich dabei, sodass der Hund in der Sitz-Position ruhig und konzentriert auf nächste Signale wartet.

03 Dann ruft sie ihn über die Hocke heran.

halten, da ihm das gemeinsame Herumsausen Spaß macht und dies alternativ zur Futterschüssel ebenso eine Belohnung für ihn darstellt. Beenden Sie das kurze Herumtollen wieder mit einem Sitz und nähern Sie sich gemeinsam über ein Stopp-and-Go dem Napf.

2 ÜBUNG: HIN UND HER MIT HINWEISENDER GESTE

Zwei oder mehrere Familienmitglieder stellen sich in einem Abstand von fünf, zehn oder sogar zwanzig Metern gegenüber auf. Der Hund wird ins „Sitz" gebracht und mit einem Zungenschnalzen zur Blickkontaktaufnahme motiviert. Schaut er, schickt man ihn mit einer deutlich in Richtung zur anderen Person weisenden Geste los. Die Geste bewirkt, dass diese Person unverzüglich in die Hocke geht und „Honululu" flötet. Ist der Hund bei der Person angekommen, wird er ins „Sitz" und zur Blickkontaktaufnahme motiviert und erhält seine Belohnung.

Franzl folgt der hinweisenden Geste und wird über die Hocke herangerufen.

Über das Deuten zur Zielperson und deren sofortige Reaktion darauf (In-die-Hocke-Gehen), erhält der Hund die Bestätigung, dass Geste und Person in Zusammenhang stehen. So bekommen sowohl Hocke mit Honululu als auch richtungsweisende Gesten (siehe Kasten) als Signale Gewichtung für ihn. Zudem erfährt er, dass sein richtiges Reagieren darauf lohnenswert für ihn ist. Klappt das, können Sie den Ablenkungsgrad erhöhen, zum Beispiel durch Üben auf einer Hundewiese oder mit Gleichgesinnten.

❷ ÜBUNG: SITZ AUF DISTANZ

Voraussetzung für ein Sitz auf Distanz:

1. Verlässliche Reaktionen auf ein Stopp-Signal (siehe S. 179)
2. Zuverlässige Reaktion auf beide Sitz-Signale (Sitz-Körpersignal/Sitz-Geste)
3. Der Hund muss die Sitz-Signale als solche auch losgelöst von Futter verinnerlicht haben. Das heißt, er muss sich auch dann auf die gezeigte Geste setzen, wenn Sie kein Futter in der Hand parat haben. Sonst besteht die Gefahr, dass er sich nur annähert, um sich das Futter aus der Hand zu holen.

So können Sie die Übung aufbauen: Sie schicken den Hund zu einem mehrere Meter entfernt aufgestellten leeren Futternapf (Foto 1). Dort angekommen, findet er nichts. Deshalb wird er Sie fragend anschauen. Um jetzt zu vermeiden, dass er wieder zu Ihnen zurückläuft, blocken Sie ihn über die ermahnende Stopp-Geste (Foto 2), auf die sofort die motivierende Sitz-Geste folgt (Foto 3). Über die Warte-Geste „sagen" Sie dem Hund, dass er sitzen bleiben soll (Foto 4). Bringen Sie Ruhe in die Übung, bevor Sie in Richtung Hund zur Futterschüssel gehen (Foto 5), ein Leckerchen hineinlegen und er dieses fressen darf. Das wiederholen Sie so oft, bis der Hund zuverlässig in unterschiedlicher Entfernung dabei auf Ihr Sitz-Signal reagiert. Im nächsten Schritt blocken Sie den Hund, wenn er Sie zufällig anschaut und sich etwas entfernt von Ihnen befindet, über die ermahnende Stopp-Geste und bringen ihn über die deutliche Sitz-Geste ins „Sitz" (Foto 6). Warten Sie, bis er zur Ruhe kommt (Foto 7). Dann gehen Sie sogleich zu ihm hin, um ihn aus der Hand zu belohnen. Im Anschluss kann eine weitere Übung oder Schmusen und Toben folgen.

❸ → ❷ SITZ AUF DISTANZ IM ALLTAG

Im Alltag ergeben sich oft Situationen, in denen es von Vorteil ist, wenn der Hund sich auf Distanz ins „Sitz" bringen lässt. Zum Beispiel auf Wanderwegen, die gleichberechtigt sowohl von Radfahren als auch von Fußgängern benutzt werden dürfen. Angenommen, Ihr Hund befindet sich einige Meter von Ihnen entfernt am Rand eines Wanderweges und ein Radfahrer nähert sich dieser Stelle. Rufen Sie jetzt Ihren Hund zu sich, besteht die Gefahr, dass er vor das Fahrrad läuft und den Radfahrer eventuell zu Sturz bringt. Lässt Ihr Hund sich hier jedoch auf Distanz verlässlich stoppen und ins „Sitz" bringen, können Sie die Situation deutlich entschärfen. Da Ihr Hund in dieser Position gut wahrnehmbar ist, kann der Radfahrer rechtzeitig sein Tempo entsprechend den gesetzlichen Vorgaben drosseln und den Hund gefahrlos passieren.

HINWEISENDE UND RICHTUNGSWEISENDE GESTEN

Eine hinweisende Geste kann ein Fingerzeig auf etwas sein, das dem Hund bewusst gemacht werden soll. Das ist zum Beispiel der Hinweis auf die Futterschüssel, die er nun leeren darf oder der Hinweis auf ein Dummy oder eine Spur. Mithilfe richtungsweisender Gesten zeigen Sie dem Hund die Richtung an, in die er loslaufen soll.

☞ SITZ AUF DISTANZ

01 Josi schickt den Hund zum leeren Futternapf.

02 Der Hund findet kein Futter und schaut. Sofort blockt ihn die ermahnende Stopp-Geste.

03 Im Anschluss daran motiviert die Sitz-Geste, …

04 … und nachdem er sich gesetzt hat, vermittelt die Warte-Geste Ruhe, …

05 … auch als Josi zu ihm hingeht. Als Belohnung kommt ein Futterbröckchen in seinen Napf.

06 Auch auf Distanz ist die Geste deutlich.

07 Die Warte-Geste bringt Ruhe in die Übung.

KLEINER STOPPLAUT-EXKURS

Damit Ihr Hund die Bedeutung Ihres akustischen Signals für Stopp erfassen kann, greifen Sie auf bereits etablierte Gesten und Körpersignale zurück.

DAS STOPPENDE LAUTSIGNAL

Das Etablieren eines stoppenden Lautsignals ist deshalb von so großer Bedeutung, weil Sie die Möglichkeit brauchen, einen Verhaltensabbruch unabhängig vom visuellen Kontakthalten des Hundes zu bewirken. Der Hund soll auf dieses Lautsignal hin sofort stoppen, vor allem wenn er auf etwas anderes fixiert ist, gerade einem Bewegungsreiz erliegt (Vogel, weglaufender Mensch, fliehendes Tier), oder sogar außer Sicht ist.
Dazu verbinden Sie bereits etablierte Gesten und Körpersignale mit einem Laut wie zum Beispiel „Stopp" oder „Halt". Sie können auch den Triller einer Hundepfeife verwenden. Das von Ihnen ausgewählte stoppende Lautsignal darf ausschließlich als Abbruchsignal zum Einsatz kommen und sollte den sofortigen Verhaltensabbruch zur Folge haben. Lassen Sie dabei keine Unklarheiten aufkommen.

2 STOPP MITHILFE DES FUTTERNAPFS

Als Hilfestellung für den Hund platzieren Sie an der Stelle, an der er stoppen soll, den Futternapf.
Bauen Sie das auf wie folgt: Sie bringen den Hund ins „Sitz", stellen den Napf ein bis zwei

01 Der Futternapf wird mit deutlicher Warte-Geste auf den Boden gestellt …

02 … und der Hund dann über die Hocke stumm herangerufen. Als ersichtlich ist, dass der Hund den Napf im Visier hat, …

03 … richtet Martin sich auf und zeigt deutlich eine Stopp-Geste.

04 Der Hund nimmt Blickkontakt auf, …

05 … wird über die Warte-Geste gezügelt, über die Sitz-Geste ins Sitz motiviert …

06 … und sein Hinsetzen bewirkt Futter im Napf.

Meter von ihm entfernt ab (Foto 1), lassen ein Leckerchen hineinfallen und gehen noch einige Meter in Verlängerung weiter. Der Hund kennt das von den „Warten-im-Sitz-Übungen".

Über die Hocke rufen Sie ihn stumm heran (Foto 2). Der Hund erinnert sich an das Leckerchen und wird zielgerichtet zum Napf laufen und an diesem stoppen, um das Leckerchen zu fressen. Dieses Stoppen am Napf koppeln Sie mit Ihrer Stopp-Geste (Foto 3). Ist der Napf leer, wird er zu Ihnen schauen. Das ist der Moment, ihn über die Sitz-Geste ins „Sitz" zu motivieren und ihn über die Wartegeste zu zügeln (Foto 4). Nachdem der Hund sitzt, warten Sie noch einen kurzen Augenblick (Foto 5), laufen dann schnell zu ihm hin und geben Leckerchen in den Napf (Foto 6). Macht er Anstalten sich in Ihre Richtung in Bewegung zu setzen, folgen unverzüglich so lange Stopp-, Warte- und Sitz-Geste im Wechsel, bis der Hund sich hinsetzt. In dem Augenblick, in dem er sich setzt, laufen Sie schnell zu ihm hin und belohnen ihn erneut.

Im nächsten Schritt erweitern Sie schrittweise die Distanz zwischen sich und dem Hund und stellen dabei den Napf, an dem Sie den Hund stoppen wollen, immer weiter von diesem entfernt ab.

2 ÜBER DIE GESTE ZUM LAUT

Während der Hund heranläuft, verbinden Sie als Nächstes Ihre Stopp-Geste mit einem stoppenden Laut (oder dem Triller einer Pfeife). Dazu lassen Sie den Napf leer. Noch bevor der Hund jetzt den Napf erreicht, geben Sie gleichzeitig mit Ihrer Stopp-Geste das Lautsignal, um den Hund dadurch beim Herankommen zum Stehenbleiben zu veranlassen. Kalkulieren Sie dabei die Strecke mit ein, die Ihr Hund benötigt, um rechtzeitig reagieren und zum Stehen kommen zu können. Geben Sie deshalb Geste und Laut bereits zwei bis drei Meter vor dem von Ihnen gewünschten Stopppunkt. Stoppt der Hund, bringen Sie ihn ins „Sitz" (Foto 5), laufen sogleich schnell zu ihm hin und geben ein Leckerchen in den Napf (Foto 6).

STOPP HEISST: GRÜNER BEREICH ERREICHT

Läuft der Hund unerlaubter Weise von Ihnen weg, befindet er sich sozusagen im „Roten Bereich" (**FRZ 5**). Ihr Stopplaut warnt ihn davor weiterzulaufen und signalisiert gleichzeitig, dass er sich augenblicklich wieder im „Grünen Bereich" befindet, wenn er gestoppt hat.

2 SITZ MIT HERANRUFEN, STOPP UND FUTTER

Klappt das Stoppen mit dem Napf, lassen Sie diesen bei den nächsten Übungen wieder weg. Anstelle der Belohnung im Napf, erhält er nur noch das Futter aus Ihrer Hand.

Beispiel: Nachdem Sie Ihren Hund ins „Sitz" gebracht haben, entfernen Sie sich einige Meter und rufen ihn über die Hocke heran. Während er auf Sie zuläuft, stoppen Sie ihn wieder über die Stopp-Geste und den Stopplaut und gehen sofort zu ihm hin, um ihm das Futter aus der Hand zu geben.

Um das Stoppen für Ihren Hund interessanter zu machen, können Sie ihn im Anschluss an sein Stoppen mit einer Apportieraufgabe belohnen. So lernt er: Stoppen und Kontaktaufnehmen heißt Futter und/oder spannende Aufgaben.

STOPP ÜBER LAUT

Jetzt soll Ihr Hund auch stoppen, wenn er auf etwas anderes fixiert ist und Sie dabei nicht sieht. Dazu bringen Sie ihn ins „Warte im Sitz" und stellen dann ca. 30 Meter von ihm entfernt seinen leeren Futternapf ab. Nachdem Sie zu ihm zurückgegangen sind, fordern Sie kurz seinen Blickkontakt und schicken ihn mit einer hinweisenden Geste in Richtung Napf. Nachdem er ca. fünf bis zehn Meter zurückgelegt hat, rufen Sie laut und mit überzeugendem Tonfall Ihr Stopp-Signal, laufen augenblicklich zu ihm hin und belohnen ihn mit reichlich Futter aus der Hand. Ignoriert er Ihr Stopp-Signal, wird er binär reglementiert. Gelingt es ihm dennoch, den Futternapf zu erreichen, findet er diesen leer vor.

Bei der nun folgenden Wiederholung der Übung ist sein Drang nach vorne etwas gemindert und er wird sich leichter bremsen lassen. Erneut erhält er an der Stoppstelle seine Belohnung. Dann darf er im Sitz darauf warten, bis Sie den Napf holen, mit diesem zu ihm zurückkehren, befüllen und ihm zur Verfügung stellen.

Spielerisch bleiben und nicht übertreiben

Beobachten Sie Ihren Hund bei Ihren Stopp-Übungen genau. Es gilt individuell zu ent-

01

02

03

scheiden, wie oft Sie Stopp-Übungen hintereinander durchführen können. Der Hund sollte sich zwischendurch jederzeit freudig auf Zuruf annähern und zum aufmerksamen Nebenherlaufen motivieren lassen. Er sollte sich durch die Übungen nicht verunsichert, sondern ähnlich wie beim ritualisierten Übereinkünfte-Treffen mit Artgenossen offen und interessiert an dem zeigen, was in der gemeinsamen Interaktion „besprochen" wird. Die Erfahrung lehrt, dass bei diesen Übungen schnell der Punkt überschritten ist, an dem ein Hund nicht mehr freudig mitmacht, sondern sich aufgrund von Stress und Verunsicherung verweigert. Schlimmstenfalls kommt es zu einem Vertrauensverlust, wenn zu massiv auf den Hund und für ihn unverständlich eingewirkt wird.
Machen Sie daher genügend Pausen zwischen den Übungen, auch einmal für mehrere Tage, damit der Hund das Gelernte verarbeiten kann. Klappt eine Übung nach zweimaliger Wiederholung nicht, überdenken Sie Ihre Signalgebung, denn dann hat er Sie de facto nicht verstanden.

ÜBERSICHT DER NEU HINZUGEKOMMENEN SIGNALE

1. Sitz-Geste
2. Sitz-Körpersignal
3. Warte-Geste
4. Ermahnende Stopp-Geste
5. Resolute Stopp-Geste
6. Hinweisende Geste
7. Richtungsweisende Geste
8. Stoppendes Lautsignal

Mit den neu hinzugekommenen Körper- und Lautsignalen konnten Sie Freiraumzone 1 (Bleib an meiner Seite) auf Freiraumzone 2 (gemeinsame Aktionen im Sichtbereich) erweitern.
Zur Erinnerung: Der Aktionsradius des Hundes beschränkt sich in Zone 1 auf den unmittelbaren Nahbereich, in Zone 2 auf denjenigen Sichtbereich, in dem er sich noch von Ihnen kontrollieren lässt. Die dort stattfindenden gemeinsamen Aktionen sollten für den Hund so fesselnd sein, dass er von sich aus Ablenkungsreize ignoriert.

04

01 Anton ruft Franzl über die Hocke heran …

02 … um ihn nach wenigen Metern wieder zu stoppen.

03 Antons Stopp-Geste signalisiert Franzl deutlich, dass er stehen bleiben soll.

04 Nachdem Franzl stoppt, nähert sich Anton sofort, um ihn zu belohnen.

AN DIE LEINE

— *Fertig, Los!*

FICHTLMEIERS AN- UND ABLEINMETHODE

Das Anlegen und Abnehmen von Halsband und Leine nach der Fichtlmeier-Methode wird als vertrauensvolle Handlungsweise zwischen Mensch und Hund gleich einem Ritual zelebriert.

SICH-ANLEINEN-LASSEN IST VERTRAUENSSACHE

Das Anleinen eines Hundes bedarf der Kommunikation und wird auch von Ihrem Hund als ein Kommunikationsprozess empfunden. Bedenken Sie bitte, dass Sie Ihren Hund durch das An-die-Leine-Nehmen nicht nur in seinem Freiraum einschränken, sondern darüber hinaus bewirken, dass er sich einem kommunikativen Prozess stellen muss und sich diesem nicht mehr entziehen kann. Damit trägt die Handhabung von Halsband und Leine entscheidend dazu bei, ob und in welchem Rahmen die weitere Kommunikation zwischen Ihnen und Ihrem Hund abläuft. Sie tragen die Verantwortung für einen positiven Verlauf.

Die Basis macht's

Das An-die-Leine-Nehmen des Hundes ist eine sensible Handlungsreihe, die aus der Kontaktaufnahme, dem Herankommen, dem Einnehmen der Sitz-Position, dem Blickkontakt-Aufnehmen, dem Sich-voller-Vertrauen-anfassen-Lassen und dem Hantieren an der Halsregion des Hundes beim Anlegen oder Anklicken der Leine am Halsband besteht. Die ausgezeichnete Basis dazu haben Sie sich ja bereits erarbeitet. Halten Sie an dieser Qualität fest und gestalten Sie den Ablauf, der jetzt durch das Handhaben mit Halsband und Leine erweitert wird, immer bewusst positiv und lustbetont. Damit wird das Anleinen zur freiwilligen aktiven Handlung des Hundes.

Hier geht die Anleinaktion deutlich vom Hund aus.

DAS RICHTIGE HALSBAND

Zum An- und Ableinen eignet sich am besten ein Schlupfhalsband mit einem Stopp, der das Würgen verhindert. Es muss weit genug sein, dass der Hund leicht mit dem Kopf hindurchschlüpfen kann, und der Stopp wird so eingestellt, dass der Hund nicht mehr herausschlüpfen kann und trotzdem nicht gewürgt wird.

Aussagekräftige Parameter

Die Qualität einer Hund-Halter-Beziehung überprüfe ich gern über das Prozedere Anlegen und Abnehmen des Halsbands mit Leine. Dies hat sich für mich als ein sehr aussagekräftiger Parameter herausgestellt.
Konkret sieht das so aus: Ich bitte den Hundebesitzer, seinem Hund Halsband und Leine abzunehmen und einige Schritte zu gehen, wobei der Hund noch an dessen Seite bleiben soll. Dann wird der Hund über ein Signal zum Freilauf freigegeben. Kurz darauf soll er wieder herangerufen und angeleint werden. Hier zeigt sich deutlich, ob das Miteinander von Mensch und Hund sensibel vonstattengeht.

AUF KOMMUNIKATION AUSGERICHTET

Eine Kommunikationsebene lässt sich herstellen, überprüfen und vertiefen, wenn Sie die Leine als das nutzen, was sie sein kann: ein Mittel zur Signalübermittlung, zur Verbesserung von Verhaltensauffälligkeiten, zur Kontrolle des Hundes, jedoch nicht, um nur ein Weglaufen des Hundes zu verhindern.

Nicht die Futterhand geht zur Schnauze, sondern die Schnauze folgt der Futterhand durch das Halsband.

DAS ANLEGEN DES HALSBANDES

„Freudig und freiwillig schlüpft der Hund durch das Halsband", so lautet das Motto der Fichtlmeierschen Anleinpraxis.

Aus den vorigen Kapiteln wissen Sie, dass sich bereits beim Heranrufen zeigt, ob vertrauensvolle Kommunikation zwischen Ihnen und Ihrem Hund stattfindet. Es offenbart sich dabei die Qualität der Kontaktaufnahme. Jetzt wollen Sie Ihrem Hund das Halsband anlegen. Das machen Sie wie folgt:

1 VERTRAUENSVOLLES RITUAL AUFBAUEN

Motivieren Sie den Hund zum Herankommen, bringen Sie ihn über Geste und/oder Körpersignal ins „Sitz" (siehe S. 61) und motivieren Sie ihn, Blickkontakt aufzunehmen. Nun nehmen Sie das Halsband in die linke Hand und halten es wie eine offene Schlinge in geringer Entfernung vor seine Schnauze. Dann fahren Sie mit der Hand, in der Sie das Futterstückchen halten, durch die Schlinge in Richtung Schnauze (Foto 1 S. 88). Sobald der Hund an dem Futterstückchen schnuppert und es nehmen will, ziehen Sie die Hand langsam durch die Schlinge zurück, während die andere Hand mit dem Halsband wie fixiert in derselben Position bleibt (Foto 2 S. 88). Der Hund folgt der Bewegung Ihrer Hand – er will das Futter erwischen – und schlüpft so mit seinem Kopf von selbst durch das Halsband (Foto 3+4 S. 88). Nicht Sie ziehen es über seinen Kopf, sondern er schlüpft freiwillig und aktiv durch. Jetzt wird er noch einmal mit einigen Futterstückchen belohnt. So stellt sich das Anlegen des Halsbandes für ihn noch lohnenswerter dar und sein Kontakthalten festigt sich.

Die Leine sollte bereits beim Anlegen des Halsbandes angeklickt sein, damit nicht nochmals am Hals hantiert werden muss. Im Anschluss kann direkt die Ruheübung folgen (siehe S. 93).

Als Ritual zelebrieren und verinnerlichen

Ritual heißt: Das Anlegen und Abnehmen des Führhalsbandes zelebrieren Sie ab sofort immer auf dieselbe Art und Weise. So wird und bleibt es für Sie und Ihren Hund ein vertrauensvolles Ritual und Ihr Hund freut sich darauf, durch das Halsband zu schlüpfen.

NIEMALS EINFANGEN!

Vermeiden Sie konsequent ein Einfangen und Festhalten Ihres Hundes, wenn er beim Anlegen des Halsbandes nicht freiwillig durchschlüpft. Macht der Hund nämlich die Erfahrung, dass er eingefangen und festgehalten wird, wenn er sich in Ihren Einwirkungsbereich begibt, entwickelt sich bei ihm in kürzester Zeit eine sogenannte Handscheue. Er wird künftig sehr genau darauf achten, wie nahe er herankommen darf, ohne sich in Gefahr zu begeben, eingefangen zu werden. Zelebrieren Sie bewusst ein Ritual, das bewirkt, dass Ihr Hund sich immer gern nähert und sich sozusagen selbst an die Leine nimmt.

01

Empfindungen des Hundes wahrnehmen und berücksichtigen

Machen Sie aus dem Anlegen und Abnehmen des Halsbandes eine soziale Interaktion, die Ihrem Hund sichtbar angenehm ist und sich lohnt.
Um das zu erreichen, müssen Sie seine momentane Empfindung berücksichtigen. Das bedeutet, wenn der Hund beim Anleinen den Kopf plötzlich abwendet, nehmen Sie sofort Ihre Hand zurück. Fassen Sie nicht nach und ziehen Sie ihm nicht einfach das Halsband über seinen Kopf.
Bedenken Sie, der Hund hat Ihnen seine Unsicherheit durch sein Zurückweichen signalisiert. Für ihn ist es jetzt von entscheidender Bedeutung, dass Ihre Hand nicht weiter nach ihm grapscht, sondern sofort zurückweicht und auch Ihre ganze Körperhaltung eine leicht angedeutete Rückwärtsbewegung vollzieht.
Also aufpassen: Hände weg, wenn er zurückweicht und stattdessen den Hund sensibel motivieren, sich Ihnen wieder zuzuwenden. Erst wenn er sich bei der Kontaktaufnahme wieder sicher zeigt und sich vertrauensvoll annähert, sollten Sie ihn erneut zum Anlegen des Halsbandes animieren.

Da Sie auf das Verhalten des Hundes adäquat reagieren, indem Sie sich augenblicklich zurücknehmen, ihn nicht weiter bedrängen, sondern höflich ein neues Gespräch beginnen, fühlt er sich entsprechend reflektiert und erkennt, dass Sie seine Empfindungen wahrnehmen. Dieser gelungene emotionale Abgleich festigt sein Vertrauen in weitere Kommunikationsprozesse mit Ihnen. Achten Sie darauf, dieses Vertrauen nicht durch Unachtsamkeit aufs Spiel zu setzen.

AUS EIGENEM ANTRIEB

Anstatt den Hund festzuhalten, sobald er in Ihrer Reichweite ist, wird er ausschließlich über Motivation zum Dableiben „überredet". Geben Sie ihm die Möglichkeit, aus eigenem Antrieb durch das Halsband zu schlüpfen, auch wenn es vielleicht am Anfang ein paar Minuten länger dauert, bis er tatsächlich angeleint ist. So stellen Sie sicher, dass er sich Ihnen auch weiterhin freiwillig, freudig und vertrauensvoll nähert. Wer diese Methode konsequent praktiziert, wird erleben, wie stressfrei sie für Hund und Halter ist.

02

01 – 04 Beim Anleinritual nach Fichtlmeier sollte akribisch darauf geachtet werden, dass das Halsband nicht über den Kopf des Hundes gestreift wird, sondern dieses wie fixiert an einer Stelle verbleibt und die Hand mit dem Futter den Hund dazu motiviert, ihr zu folgen und mit dem Kopf freudig und freiwillig durch das Halsband zu schlüpfen.

03

04

DAS ABNEHMEN DES HALSBANDES

„Freudig und freiwillig schlüpft der Hund nicht nur durch das Halsband, sondern auch wieder aus diesem heraus."

Das sensible Anlegen und Abnehmen des Halsbandes ist eine vertrauensvolle Kontaktaufnahme zwischen Mensch und Hund. Gestalten Sie diesen Kontakt deshalb immer bewusst.

1 HALSBAND ABNEHMEN FESTIGT DAS KONTAKTHALTEN

Zum Abnehmen des Halsbandes bringen Sie den Hund zuerst über die Geste ins „Sitz". Dann halten Sie ihm ein Leckerchen vor seine Nase. Noch während er versucht dieses zu nehmen, beginnen Sie sanft die Halsung vom Kopf zu ziehen. Gewinnen Sie dabei Zeit, indem Sie das Futter in Ihrer Hand etwas blockieren und ihm gestatten, daran zu knabbern während Sie das Halsband weit machen und dann über seine Ohren ziehen. So lernt der Hund, dass ein Hantieren an Hals und Kopf nichts Negatives bedeutet. Das erhöht auch seine Akzeptanz, sich während des Fressens am Kopf berühren zu lassen.
Geben Sie ihm nach dem Abnehmen des Halsbandes weitere Futterstückchen und motivieren Sie ihn, noch eine Weile seine Aufmerksamkeit und den Kontakt aufrechtzuerhalten, bevor Sie ihn mit einer freundlichen Kontaktende-Geste freigeben. So lässt sich vermeiden, dass bereits das Abnehmen des Halsbandes gleichbedeutend wird mit „Jetzt darfst du laufen".

ZUM REFLEX MACHEN

Damit das Halsband sich für Ihren Hund als etwas Tolles darstellt und er auch unter Ablenkung wie selbstverständlich durchs Halsband schlüpfen will, wenn ihm dieses angeboten wird, legen Sie ihm die nächste Zeit mehrmals über den Tag verteilt wie beschrieben das Halsband an und nehmen es entweder sofort oder nach einer Weile wieder ab. Verwenden Sie dazu einen Teil aus der Tagesration seines Futters als Belohnung.
Ein Futterstück von ca. 1 Gramm für sein Herankommen, eines wenn er durch das Halsband schlüpft, eines für das Abnehmen des Halsbandes und eines weil er noch eine Weile im Sitz verharrte und so fort. Angenommen, Ihr Hund sollte auf diese Art und Weise zum Beispiel 100 Gramm seines Futters erhalten, dann könnten Sie ihn 25 Mal heranrufen, ihm 25 Mal das Halsband anlegen und wieder abnehmen und ihn noch etwas bei sich halten, bevor Sie ihn freigeben. So wird er sich auch später außerhalb der Wohnräume gern annähern und vertrauensvoll anleinen lassen.

RITUAL GENERALISIEREN

Wie beim Anleinen bleiben Sie immer bei demselben Ablauf, damit sich das Ritual für das An- und Ableinen festigen kann. Üben Sie das nach einiger Zeit auch unter leichter Ablenkung, die Sie dann langsam erhöhen.

Wichtig: Vermeiden Sie ein Einfangen und Festhalten Ihres Hundes und achten Sie immer darauf, dass er beim Anlegen und Abnehmen des Halsbandes nicht zurück- oder ausweicht.

01

02

03

01 Genauso wie beim Anlegen des Halsbandes wird beim Abnehmen …

02 … das Futter in der Hand noch etwas festgehalten. Dadurch konzentriert sich der Hund auf das Futter und das Abstreifen des Halsbandes läuft wie nebenbei ab.

03 So lässt sich das An- und Ablegen des Halsbandes beim Hund positiv verknüpfen. Zudem lässt sich damit die Akzeptanz des Hundes, sich im Kopfbereich anfassen zu lassen, erhöhen.

Wichtig: Das Abnehmen des Halsbandes darf für den Hund nicht zur Kontaktende-Geste werden.

ANTON FICHTLMEIERS

— *Ruheübung*

DIE RUHEÜBUNG BEWIRKT RUHE UND GELASSENHEIT

Hibbelige, unruhige, aggressive oder unsichere Hunde an der Leine – das war gestern. Ab heute gilt: Ruhe löst Ruhe aus.

Die Ruheübung ist ein wichtiger Bestandteil des Leinenkonzepts nach Anton Fichtlmeier. Sie gestattet Ihnen aus der eigenen Ruhe heraus Ihrem Hund ebenfalls zu ermöglichen, eine ruhige Position an Ihrer Seite einzunehmen. Sie ist ideal, um den Hund situativ an ein neues Umfeld beziehungsweise die unterschiedlichsten Umweltreize zu gewöhnen und leistet einen großen Beitrag bei seiner Sozialisierung und Habituation.

KLEINER FREIRAUM – GROSSE WIRKUNG

Bei der Ruheübung wird der Freiraum des angeleinten Hundes dadurch eingeschränkt, dass man einen Fuß auf die Leine stellt und diese am Boden fixiert. Wenn der Mensch hierbei Aktionen seines Hundes konsequent ignoriert, macht dieser die Erfahrung, dass Nachgeben und Sich-mit-dem-beschränkten-Freiraum-Zufriedengeben ein lohnenswertes Lösungsmodell für ihn darstellt.

SYMBOLBEDEUTUNG „FUSS AUF DER LEINE"

Der auf die bis zum Boden durchhängende Leine gestellte Fuß übermittelt dem Hund als passives Signal „Jetzt ist Ruhe angesagt und eine Pause steht an". Integrieren Sie diese Übung so oft wie möglich in Ihren Alltag, und machen Sie damit „Fuß auf der Leine" zur symbolhaften Bedeutung.

Erwünschter Nebeneffekt

Die Ruheübung hilft Ihnen nebenbei, das unangenehme Zerren Ihres Hundes besser in den Griff zu bekommen. Über die Ruheübung erfährt der Hund, dass die Leine es nicht gestattet, sich weiter weg zu bewegen. Nach und nach lernt er, diese klar definierte Grenze zu akzeptieren. Das können Sie sich zunutze machen, indem Sie über Stopp-and-Go (siehe S. 104) dem Hund vermitteln, dass es hier analog zur Ruheübung nicht weitergeht, wenn sich die Leine spannt. Richtig ausgeführt lernt er schnell, dass es für ihn keinen Sinn ergibt, das in Frage zu stellen. Dies ist ein weiterer Schritt in Richtung „Leine als Nebensache".

Stabilisierung unsicherer Hunde

Zur Stabilisierung eines unsicheren Hundes ermöglicht die Ruheübung, den Hund bedächtig und zielgerichtet mit diversen Stressoren zu konfrontieren, ohne dass er diesen ausweichen kann. Gerade weil der Hund sich nicht entziehen kann, ist sein Gehirn in höchster Bereitschaft und sucht bewusst nach einem Ausweg. Über den Prozess der Gewöhnung und/oder der Reizermüdung kann er dann die Lernerfahrung machen, dass es durchaus eine Position gibt, von der aus er das Umfeld betrachten kann, ohne dass er aktiv daran beteiligt sein muss. Die Inaktivität und Ruhe des Menschen an seiner Seite bewirken, bei professioneller Herangehensweise, dass sich bei solch einem Hund innerhalb kürzester Zeit Ruhe und Selbstsicherheit einstellen.

Der Beagle zeigt sich verunsichert, als ein Artgenosse in Sicht kommt ...

Nicht die Instinkthandlung Ausweichen oder vor Stressoren fliehen steht also künftig als Problemlösung zur Debatte, sondern die bewusst herbeigeführte Auseinandersetzung mit dem vermeintlichen Problem. Der Hund lernt, sich nach und nach selbstreflektierend in Situationen wahrzunehmen, sich selbstbewusst zu positionieren und er kann dadurch aus einer inneren Ruhe heraus sein Umfeld reflektieren.

SINN UND ZWECK DER RUHEÜBUNG

Der Hund lernt:

- dass die Leine zwar einschränkt, jedoch ohne wechselseitige Interaktion mit dem Halter.
- die Begrenzung eines Freiraums zu akzeptieren.
- sich bewusst in der Problemlösung zu reflektieren.
- sich über die Begrenzung der Leine zu positionieren.
- die Umwelt wahrzunehmen, ohne selbst aktiv werden zu müssen.
- dass auch die Sicherheitsleine eine passive Grenze darstellt.

Der Halter lernt:

- in stressigen Situationen Ruhe zu bewahren.
- den Hund zur Ruhe kommen zu lassen.
- den Hund in seiner Ruhe nicht zu stören.
- den Hund nicht unnütz zu aktivieren.

Wichtig: Stellen Sie dem Hund bei der Ruheübung so viel Leine zur Verfügung, dass er noch bequem sitzen, stehen oder liegen kann.

... nach wenigen Augenblicken jedoch überträgt sich Herrchens Ruhe auf den Hund.

DIE RUHEÜBUNG AUFBAUEN

Um dem Hund die Ruheübung näherzubringen, empfiehlt es sich, in reizarmer Umgebung zu beginnen. Am besten zu Hause, denn dort ist der Ablenkungsfaktor gering.

1 SO WIRD'S GEMACHT

Damit sich ein neuerliches Hantieren am Hals des Hundes nach dem Anlegen des Halsbandes erübrigt und ein fließender Übergang zur Ruheübung stattfinden kann, klicken Sie als Erstes die Leine am Halsband an. Motivieren Sie dann den Hund, zu Ihnen heranzukommen und stellen Sie, noch bevor er nach dem Fichtlmeier-Motto durchs Halsband schlüpfen darf, Ihren Fuß so auf die bis zum Boden durchhängende Leine, dass er nach dem Anleinen noch bequem stehen oder sitzen kann (Sie möchten ja nur seinen Aktionsradius einschränken und ihn nicht „in die Knie zwingen"). Jetzt lassen Sie ihn freudig und freiwillig durch das Halsband schlüpfen. Dann bleiben Sie vollkommen ruhig eine kleine Weile auf der Leine stehen.
Im Weiteren ist es wichtig, dass Sie jegliches gezeigte Verhalten emotionslos ignorieren, egal ob er winselt, bellt oder in die Leine springt. Er existiert quasi nicht mehr für Sie! Vielleicht lässt sich Ihr Hund anfangs alles Mögliche einfallen, um eine Reaktion von Ihnen zu provozieren. Aber nach einer Weile wird er merken, dass er Sie durch nichts aus der Ruhe und damit aus dem Gleichgewicht bringen kann.
Dazu benötigt man als Hundehalter manches Mal Nerven wie Drahtseile und vor allem Durchhaltevermögen. Wenn Sie jedoch konsequent keinerlei Reaktion zeigen, wird der Hund über kurz oder lang sein hibbeliges Verhalten aufgeben, sich legen, setzen oder einfach nur neben Ihnen stehen bleiben und sich entspannen.

Bei der Ruheübung darf der Hund sitzen, stehen oder liegen.

Auch selbst herbeigeführtes Leinenchaos stört den Hund nicht in seiner Ruhe.

Genau das ist es, was mit dieser Methode erreicht werden soll. Der Hund soll sich damit zufrieden geben, dass ihm nur ein begrenzter Freiraum zur Verfügung steht und jede Form von Aktivität zwecklos ist. Genießen Sie jetzt diese Ruhe und Inaktivität des Hundes und bleiben Sie noch für ein Weilchen ruhig und entspannt stehen. Dann lösen Sie die Ruheübung auf, indem Sie sich Ihrem Hund zuwenden, ihm gemäß dem Fichtlmeier-Motto das Halsband unter Gabe eines Leckerchen wieder abnehmen und eine Schmuserunde einlegen.

Wichtig: Leckerchen und zwischenzeitliches Streicheln kommen, während der Hund sich in der Ruheübung befindet, nicht zum Einsatz. Da der Hund zur Ruhe finden soll, würden Futter oder Berührung und selbst der Blickkontakt nur eine unnötige Aktivierung bewirken.

1 RUHEÜBUNG VARIIEREN

Die nun folgenden Tage üben Sie die Ruheübung immer wieder über den Tag verteilt, in kurzen Sequenzen und an unterschiedlichen Orten. Üben Sie vorerst dort, wo der Hund nicht durch Ablenkungsreize überfordert wird. Zum Beispiel während des Fernsehens. **Das machen Sie wie folgt:** Sie nehmen bequem in Ihrem Fernsehsessel Platz, lassen die Leine des angeleinten Hundes auf den Boden gleiten, stellen einen Fuß darauf und beachten ihn nicht mehr. Wenn Sie ihm dazu eine kleine Decke anbieten, legen Sie bereits die Basis für das Bleib 3 – „Warte, bis ich dich wieder abhole" (siehe S. 161). Da sich die häusliche Ruhe auf ihn überträgt, wird er sich hinlegen, denn das ist bequemer und Aufregendes scheint sowieso nicht anzustehen. Besonders gut funktioniert es, wenn der Hund sinnvoll ausgepowert wurde und müde ist.

RUHE LÖST RUHE AUS

Ihre innere Ruhe wird bei Ihrem Hund nach und nach bewirken, dass sich auch bei ihm eine innere Entspanntheit einstellt. Er wird sich in Folge immer schneller von Ihrer Gelassenheit anstecken lassen und sich wie nebenbei immer mehr an Ihre Stimmung koppeln. Damit das verlässlich klappt, vermeiden Sie ihn während der Ruheübung anzusprechen.

1 ABLENKUNGSREIZE ERHÖHEN UND RUHE GENERALISIEREN

Generalisieren Sie als Nächstes die Ruheübung auch draußen. Gelegenheiten dazu gibt es reichlich. So dehnen Sie nach und nach die Art der Ablenkungsreize und die Dauer der Ruheübung immer mehr aus und variieren zusätzlich deren Ausführung. Zum Beispiel, indem Sie während einer Gassi-Runde immer wieder einmal stehen bleiben, den Fuß auf die Leine stellen und das Vorbeiziehen der Wolken am Himmel beobachten. Dadurch fällt es Ihnen leichter, sich gedanklich vom Hund zu lösen und ihn wirklich zu ignorieren. Wenn sich die Gelegenheit bietet, setzen Sie sich auf eine Bank und vertiefen Sie sich in eine Zeitschrift. In einer Fußgängerzone zum Beispiel bieten sich die vielen Schaufenster an, um während einer kurzen Ruheübung den Hund zu vergessen. Ein Hund hat ein gutes Gespür dafür, ob man ihn heimlich beobachtet. Dieses Beobachten wirkt auf ihn fast wie ein Belauertwerden und lässt ihn dann nicht zur Ruhe kommen. Also klammern Sie ihn konsequent aus.

ÜBERSICHT DER NEUEN SIGNALE

Passives Signal mit Symbolbedeutung
- Fuß auf der am Boden liegenden Leine = Ruhe
- Halsband in der Hand = Kopf durchstecken

Ein Verhaltensmuster kann nur zur Regel werden, wenn es kontinuierlich zur Anwendung kommt. Machen Sie es sich also zur Regel, die Leine als Symbol für Ruhe zur Anwendung zu bringen. So wird im Laufe der Zeit bereits die zum Boden durchhängende Leine dem Hund signalisieren, dass eine Pause folgt und er sich entspannen kann. Dieses Symbol „Leine am Boden" kommt später in abgewandelter Form bei weiteren Übungen zur Anwendung (Bleib 2, siehe S. 153 und Bleib 3, siehe S. 161).

Würde der Hund hier gestreichelt, wäre es augenblicklich vorbei mit seiner Ruhe.

ENTSPANNTES GEHEN
— *Lockere Leine*

DIE LEINE ALS NEBENSACHE

Dass der angeleinte Hund an lockerer Leine neben Ihnen herläuft, wird dann funktionieren, wenn für den Hund die Leine zur Nebensache geworden ist. Setzen Sie deshalb alles daran, ihn auch unangeleint nur über motivierende Gesten führen zu können.

Wieder beginnen Sie zu Hause in Wohnung und Garten, weil es Ihrem Hund hier wegen geringerer Ablenkungsreize leichter fallen dürfte, sich auf Ihre Gesten und Signale zu konzentrieren. Wenn Sie dazu weiterhin die täglichen Fütterungszeiten nutzen (Futternapf und Futterhand bieten hier eine gute Hilfestellung), wird die Motivation, sich auf Ihre Aktionen einzulassen, vermehrt von ihm ausgehen.

STARTEN SIE OHNE LEINE

Die Kontaktaufnahme, das Vorsitzen und Sich-anleinen-Lassen kennt Ihr Hund bereits. Jetzt soll er lernen, an der Leine zu laufen, ohne dass sich diese dabei spannt. Um dem Hund die Leine als Nebensache vermitteln zu können, werden ihm die dazu notwendigen Signale nach wie vor ohne Leine im Rahmen einer Signalsprache Stück für Stück nähergebracht. Je umfangreicher Ihr Signalvorrat ist und je besser es Ihnen gelingt, die Konzentration des Hundes auf Ihre Gesten und Signale nicht abreißen zu lassen, desto größer ist die Chance, dass seine Aufmerksamkeit auch dann vornehmlich auf Sie gerichtet bleibt, wenn Sie ihn unter starken Ablenkungsreizen führen. Hierbei können zusätzlich spannende Aktionen hilfreich sein, die ihn verstärkt motivieren, auf Sie zu achten und damit davon abhalten, sich anderweitig zu orientieren. Ein Erfolg wird sich jedoch nur dann einstellen, wenn Sie überdies bereit sind, auch kontrollierend auf ihn einzuwirken.

DIE LEINE KOMMT ALS NEBENSACHE DAZU

Nachdem Sie sich mit Ihrem Hund eine Signalbasis erarbeitet haben, wird die Leine für Sie und Ihren Hund in ablenkungsarmer Umgebung bereits Nebensache sein. Somit können Sie dem Hund Halsband und Leine anlegen und versuchen, ihn über den erarbeiteten Signalvorrat so auf sich zu konzentrieren, dass er die Leine vergisst. Vermeiden Sie, ihn über die Leine zu korrigieren, damit diese Nebensache bleibt. Üben Sie in kurzen Sequenzen und wechseln Sie dabei zwischen Freifolge und Angeleintsein.

Funktioniert Freiraumzone 1, ist die Leine Nebensache.

SCHRITT FÜR SCHRITT ZUR LOCKEREN LEINE

Am einfachsten vermitteln Sie dem Hund die Leine als Nebensache über Stopp-and-Go.

MIT EINEM GO FÄNGT ES AN

Beginnen Sie wie folgt: Wecken Sie mit einem Schnalzen die Aufmerksamkeit des unangeleinten Hundes. Der daraufhin folgende körpersprachliche Auslöser für ein Losgehen ist das deutlich auffordernde „Wir gehen los"-Körpersignal, über das Sie ihn zum Mitkommen animieren. Das sieht folgendermaßen aus: Sie machen eine auffordernde Kopfbewegung und starten mit einem Auftaktschritt wie beim Walzertanz. Dann gehen Sie beherzt weiter, als hätten Sie ein klares Ziel vor Augen.

Hochkonzentriert orientiert sich der unangeleinte Hund an der „Wir gehen los"-Geste.

Das „Bei Fuß"-Signal

Klopfen Sie dazu mit der flachen Hand kurz aufmunternd auf die Außenseite Ihres dem Hund zugewandten Schenkels. Beim Signal für das „Bei Fuß"-Gehen oder wie ich es nenne „Bleib bitte an meiner Seite" – kurz Bleib 1 – sollten Sie wie bereits beim Signal für Sitz, möglichst auf ein verbales Signal verzichten. So können Sie nicht unbewusst in einen unangenehmen Befehlston verfallen.

Schnalzen und Klopfen

Sollte sich der Hund mental von Ihnen abwenden, schnalzen Sie leise und klopfen in dem Moment, in dem Sie seine Aufmerksamkeit zurückbekommen, aufmunternd an Ihren Schenkel. Anfangs belohnen Sie den Hund aus der anderen Hand mit einem kleinen Stück Futter. Bereits nach einigen Wiederholungen können Sie auf Schnalzen verzichten und sein „Bei Fuß"-Gehen nur noch durch das Klopfen bewirken. Damit wird Ihr Hund die „Bleib an meiner Seite"-Geste gut realisieren und dem Sinn nach zuordnen.

NICHT MIT FUTTER LOCKEN

Halten Sie dem Hund nicht Futter vors Maul, damit er Ihnen folgt. Denn er soll nicht auf das Futter in der Hand fixiert sein, sondern es als Belohnung für eine entsprechende Reaktion auf Ihr Signal und Ihre Geste verstehen.

Schenkelklopfen als Aufmerksamkeitssignal festigen

Wenn Sie dem Schenkelklopfen jedes Mal einen Aktionswechsel oder ein Signal folgen lassen, wird Ihr Hund vermehrt mit konzentrierter Aufmerksamkeit darauf reagieren. Sie können einen Richtungswechsel folgen lassen oder einen Trippelschritt, der das Bremsen einleitet und dem dann ein Stopp folgt.

1 VOM GO ZUM STOPP

Das gemeinsame Stoppen erzielen Sie am besten, indem Sie das Stehenbleiben mit einem für den Hund klar erkennbaren Bremsvorgang einleiten. Vermeiden Sie, den Hund durch ein abruptes Stoppen ins Leere laufen zu lassen und ihn damit zu überfordern. Nutzen Sie lieber konsequent den Trippelschritt als körpersprachliches Aufmerksamkeitssignal.

Der Trippelschritt

So wird er ausgeführt: Sie verlangsamen Ihr Schreiten durch das Verkürzen der Schritte bis hin zum Trippeln, um schließlich zu stoppen. Auf diese Weise erregen Sie die Aufmerksamkeit des Hundes und leiten, für ihn leicht erkennbar, das gemeinsame Stehenbleiben ein.

Trippelschritt verdeutlichen: Wenn Sie dem Trippelschritt nach dem Stopp eine Hocke folgen lassen und dazu die Futterhand vor sich hinhalten, wird der Hund noch erwartungsvoller und reflexmäßiger auf den Trippelschritt reagieren.

DIE LEINE KOMMT DAZU

Im nächsten Schritt praktizieren Sie diese Abfolgen abwechselnd mit und ohne Leine. Legen Sie dabei nach wie vor die Gewichtung auf das Führen des Hundes ohne Zuhilfenahme der Leine. Denn: Nur wenn er sich ohne Leine voll auf Ihre Signale und Gesten einlässt, wird er angeleint die Leine ausklammern und diese vergessen. So bleibt sie wirklich Nebensache für ihn.

Wenn es nicht so klappen will

Sollte es dennoch nicht so richtig klappen, üben Sie wieder vermehrt zu den Fütterungszeiten. Beginnen Sie am besten ganz von vorne mit Blickkontaktübungen (siehe S. 47). Üben Sie Ihren Signalvorrat dabei abwechselnd mit und ohne Leine mit Ihrem Hund.

Der Hund achtet konzentriert auf die „Wir gehen los“-Geste und vergisst dabei die Leine.

☞ GESTEN UND SIGNALE ÜBER DEN FUTTERNAPF VERANKERN

❶ Durch Zuhilfenahme eines Futternapfes bewirken Sie verstärkt eine vom Hund ausgehende Aufmerksamkeit auf Ihre Gesten und Signale und können die Abfolge von „Losgehen – Stehenbleiben – Konzentriert darauf warten, dass es weiter geht“ verlässlicher in seinem Gehirn verankern.

01

04

05

02

03

06

01 Animieren Sie den Hund mit einem „Wir gehen los"- Signal und einem kleinen Futternapf in der Hand zum Mitlaufen, …

02 … dann bremsen Sie mit deutlichen Trippelschritten …

03 … und bringen den Hund über Körpersignal und Geste ins „Sitz".

04 Jetzt füllen Sie den Napf mit einem Futterbröckchen, …

05 … stellen diesen vor ihm ab und lassen ihn fressen. Nehmen Sie den Napf wieder auf, ..

06 … halten Sie ihn seitlich, schnalzen und warten Sie dann, bis der Hund Blickkontakt sucht. Dann gehen Sie wieder los wie unter Foto 1 beschrieben.

STOPP-AND-GO ALS KONZENTRATIONSÜBUNG

Ein gezielt initiiertes Wechselspiel zwischen Bewegung und Ruhe, unter Verwendung des bestehenden Signalvorrats, gestattet es Ihnen, auch unterwegs den Hund zuverlässig und anhaltend auf sich zu konzentrieren und ihn die Leine vergessen zu lassen.

Zeigt Ihr Hund innerhalb von Wohnräumen und eingezäunten Bereichen verlässliche Reaktionen auf Ihre Gesten und Signale und klammert er die Leine dabei aus, können Sie den Schwierigkeitsgrad der Übungen durch ablenkungsreicheres Umfeld steigern.
Konzentrieren Sie ihn zum Einstieg erst einmal während kurzer Streckenabschnitte auf sich. Achten Sie dabei auf exakte und überdeutliche Signalübermittlung. Dabei bewirken unterschiedliche Signalkombinationen, dass die Übungen sich für Ihren Hund spannender und abwechslungsreicher darstellen und er länger und verlässlicher auf Sie konzentriert bleibt.

1 STOPP-AND-GO MIT RUHEÜBUNG

Ruhe und Entspannung im Wechsel bewirken beim Hund ein Sich-besser-konzentrieren-Können auf Ihre Signale und ein schnelleres Zur-Ruhe-Kommen in für ihn stressigen Situationen. Aus der Ruhe heraus erfolgt eine kurze Strecke der Konzentration, die wieder in der Ruheübung mündet und Ruhe und Entspannung beim Hund einkehren lässt.

Übung: Gemeinsamer Schaufensterbummel

Nehmen wir als Beispiel einen gemeinsamen Schaufensterbummel. Der kann wie folgt ablaufen: Beim ersten Schaufenster bremsen Sie aus dem Gehen heraus mit Trippelschritten. Damit signalisieren Sie dem Hund, wir bleiben gleich stehen.
Wenn Sie beide zum Stehen gekommen sind, lassen Sie die Leine bis auf den Boden durchhängen (die rechte Hand hält weiterhin die Handschlaufe), stellen wortlos einen Fuß darauf und betrachten die angebotene Ware im

Über die Ruheübung lernt der Hund, den Aktionen anderer Hunde mit Ruhe zu begegnen.

Schaufenster. Ist Ihr Hund einige Zeit ruhig und entspannt, nehmen Sie den Fuß wieder von der Leine, schnalzen mit der Zunge, geben das auffordernde „Wir gehen los"-Körpersignal und setzen sich erneut in Bewegung. Beim Losgehen vermeiden Sie eine zu kurze, den Hund sehr einschränkende Leine. Wenn ihm die volle Leinenlänge (ca. drei Meter) zur Verfügung steht, hat er ausreichend Zeit, sich auf Ihr „Wir gehen los"-Signal einzustellen. Beim nächsten Schaufenster bleiben Sie wieder stehen und setzen den Fuß erneut auf die bis zum Boden durchhängende Leine und so weiter.

Generalisieren führt zur Gewöhnung

Ihr Hund wird sich zügiger an ein Stopp-and-Go mit Ruheübung gewöhnen und dabei immer schneller zur Ruhe kommen, wenn Sie fortwährend die Örtlichkeiten wechseln und dabei stetig und moderat den Ablenkungsfaktor erhöhen.

Nur konsequentes Ignorieren trägt Früchte

Zur Erinnerung: Damit Ihr Hund sich während der Ruheübung beim Stopp-and-Go mit dem ihm zur Verfügung stehenden Freiraum auseinandersetzen und sein Zur-Ruhe-Kommen als einziges Lösungsmodell erkennen kann, müssen Sie ihn hierbei konsequent ignorieren. Das heißt, Sie dürfen ihn weder ansprechen oder streicheln, noch ihm Futter anbieten. Auch nicht, nachdem er endlich zur Ruhe gekommen ist. Selbst ein auf den Hund gerichteter Blick sollte so lange unterbleiben, bis Sie erneut wieder mit einem Aufmerksamkeitssignal starten.

Über das Stopp-and-Go beim Schaufensterbummel wird die Ruheübung vertieft.

Noch bevor Franzl sich mental entfernt, bietet Alex ihm einen Trippelschritt mit nachfolgendem Sitz-Körpersignal an und lobt ihn verbal.

1 STOPP-AND-GO MIT SITZ

Als Nächstes soll der Hund seitlich absitzen, wenn Sie stehen bleiben und aufmerksam auf weitere Signale von Ihnen warten. Sie machen also keine Pause mit Ruheübung, sondern eine kurze, konzentrierte Aufmerksamkeitspause mit Sitz, bevor es wieder weitergeht. Hier besteht die Kunst darin, den sitzenden Hund so auf sich zu konzentrieren, dass er den Blick nicht abwendet.

Das geht so: Nachdem Sie den Hund über den Trippelschritt zum Stehen gebracht haben, warten Sie einen kurzen Moment bevor Sie das Signal für „Sitz“ geben, damit der Hund diese Aktion besser erfassen kann. Ziehen Sie ihn richtiggehend mit dem Sitz-Körpersignal „Leicht-die-Knie-beugen-und-sich-wieder-Aufrichten“ mit nach oben. Ihre Körperbewegung soll dabei dynamisch und fließend ablaufen. Reagiert er noch nicht sicher auf dieses Signal, helfen Sie ihm anfangs mit der zusätzlich gezeigten Sitz-Geste und, wenn das nicht reicht, zusätzlich mit etwas Futter vor seiner Schnauze auf die Sprünge. Nach einigen Wiederholungen (Losgehen, Trippelschritt, Stehenbleiben, Sitz) lassen Sie den Fingerzeig und das Futter wieder weg und motivieren den Hund nach dem Stehenbleiben nur noch über das entsprechende Körpersignal ins „Sitz“.

Aufmerksamkeit verlängern

Nun verlängern Sie das Sitzen des Hundes und seine Konzentration auf ihre Person kontinuierlich. Dafür erhält er von Ihnen in Folge mehrere Futterstückchen als Motivation dafür, Ihnen länger seine Aufmerksamkeit zu schenken. Dann wird er über das „Wir gehen los“-Signal erneut zum Mitkommen aufgefordert.

Positive Stimmung ist wichtiger als Futter

Futter ist mit Sicherheit für den Anfang ein hilfreicher Anreiz. Sie sollten jedoch das Loben mit Futter nur in Situationen einsetzen, in denen es Ihrem Hund schwerfällt, sich auf Ihre Signale einzulassen. Versuchen Sie dahin zu kommen, dass Ihr Hund freudig und aufmerksam auf Ihre Körpersignale reagiert, weil Ihre positive und herzliche Stimmung auf ihn überschwappt und ihn mitreißt.

1 STOPP-AND-GO MIT RICHTUNGSWECHSEL

Auch Richtungswechsel dienen der Konzentration. Bauen Sie deshalb als Nächstes in Ihr Stopp-and-Go Richtungswechsel mit ein. Das heißt, Sie gehen aus einer geraden Strecke heraus in unterschiedlichen Richtungen weiter.

Der Richtungswechsel – eine Signalkombination

Ein Richtungswechsel sollte idealerweise in Kombination mit einem Aufmerksamkeitssignal stattfinden. Sie überfordern nämlich Ihren Hund, wenn Sie erwarten, dass er Ihre Gedanken liest und somit weiß, wo es als Nächstes lang geht. Zeigen Sie ihm lieber rechtzeitig und deutlich jeden Richtungswechsel an, damit er stressfrei an Ihrer Seite laufen kann und die Leine Nebensache bleibt.

Der Richtungswechsel als Winkel

So gehen Sie vor: Rechtzeitig, bevor Sie beim Gehen die Richtung ändern, machen Sie den Hund wie beim Stopp-and-Go mit einem angedeuteten Trippelschritt, einem Klopfen auf die Außenseite Ihres Schenkels oder einem Schnalzen auf sich aufmerksam.

Wenn er daraufhin schaut, ändern Sie über ein leichtes Drehen des Körpers die Richtung, gehen dabei fließend in das „Wir gehen los"-Körpersignal über und ziehen dadurch den Hund sozusagen in die neue Richtung mit. Machen Sie insbesondere Ihren angeleinten Hund rechtzeitig auf jeden bevorstehenden Richtungswechsel aufmerksam und zeigen Sie ihm jedes Mal deutlich an, in welche Richtung es weitergeht, damit er sich ausreichend darauf einstellen kann und nicht in Gedanken versunken weiter geradeaus läuft.

01 Einem Schnalzen als Aufmerksamkeitssignal …

02 … folgt bei voller Leinenlänge …

03 … ein Richtungswechsel nach rechts.

Zeigt sich der Hund zu Beginn der Kehrtwende unaufmerksam und unkonzentriert, …

… wird sich das nach der Kehrtwende fortsetzen. Hier könnte zum Beispiel ein Aufmerksamkeitssignal mit anschließender Hocke und Futterbelohnung helfen.

Richtungswechsel als Kehrtwende

Bei einer Kehrtwende ändern Sie im Gegensatz zum als Winkel ausgeführten Richtungswechsel Ihre Richtung um 180 Grad und laufen auf demselben Weg zurück. Auch hier werden Sie vor der Wende zuerst langsamer, geben rechtzeitig ein Aufmerksamkeitssignal, drehen sich auf der Stelle, verharren noch einen Augenblick, damit der Hund Ihren Richtungswechsel erfassen kann und motivieren ihn dann über das „„Wir gehen los“-Körpersignal in die neue Richtung.

Volle Leinenlänge nutzen

Sorgen Sie bei einem Richtungswechsel oder einer Kehrtwendung immer dafür, dass sich die Leine nicht spannt, weil Sie diese zu kurz gefasst haben. Marschieren Sie nach der Drehung auch nicht gleich flott los, sondern verharren Sie zuerst einen Augenblick, gehen dann etwas verhalten weiter und stellen dem Hund dabei die volle Leinenlänge zur Verfügung. So hat er ausreichend Zeit, die veränderte Situation zu erfassen.

Richtungswechsel deutlich anzeigen

Nur über einen deutlich angezeigten Richtungswechsel lernt der Hund, sensibler auf Sie und Ihre Signalgebung zu achten. Er wird sich dann vertrauensvoll auf Sie konzentrieren, wenn er immer rechtzeitig erkennen kann, in welcher Richtung es weitergeht. Je deutlicher Ihre hinweisenden Signale sind, desto besser orientiert er sich an Ihren Signalen und Gesten und folgt Ihnen an durchhängender, lockerer Leine.

SO BLEIBT IHR HUND AN IHRER SEITE

Ein freudiges Laufen des Hundes an Ihrer Seite, insbesondere an lockerer Leine, steht und fällt mit der Art und Weise, wie die einzelnen Aktionen, die Sie Ihrem Aufmerksamkeitssignal folgen lassen, von Ihnen gestaltet werden.

Die Kunst dabei besteht darin, die einzelnen Signale und die damit einhergehenden Aktionen so variabel miteinander zu kombinieren, dass diese im Hund eine freudig konzentrierte Spannung hervorrufen.
Das gelingt am besten, wenn im direkten Anschluss an das jeweilige Signal eine Aktion folgt, die den Hund als solche belohnt. Hier empfiehlt sich eine variabel vonstattengehende Kombination aus freudigem Umhertoben und Futterbelohnung.

1 WIRKUNG VON AUFMERKSAMKEITSSIGNALEN ERHÖHEN

Die Signalwirkung eines Aufmerksamkeitssignals lässt sich steigern, wenn unterschiedliche Aktionen damit eingeleitet werden. Die nachfolgenden Beispiele zeigen drei Möglichkeiten dazu.

Beispiel 1

Sie gehen einige Schritte, dann klopfen Sie auf die Außenseite Ihres Schenkels, ändern Ihre Laufrichtung im Winkel nach rechts, gehen nach einigen Schritten in die Hocke und bieten dem Hund die Futterhand an. So lässt sich das noch einige Male wiederholen. Aufstehen, einige Schritte gehen, Aufmerksamkeitssignal geben, Winkel gehen, in der Hocke mit Futter belohnen. Als Variante können Sie den Trippelschritt oder das Schnalzen einsetzen.

Beispiel 2

Sie Schnalzen, und wenn der Hund schaut, belegen Sie seinen Blick mit einer Kehrtwende, der Sie einige Schritte in die neue Richtung folgen lassen. Das Ganze natürlich bei voller Leinenlänge. Dann rufen Sie „Lululu" und gehen schnell in die Hocke und belohnen den Hund.

Beispiel 3

Sie lassen nach dem Schenkelklopfen einen leichten Hopsa-Lauf folgen, gehen dann in ein Schleichen über und belohnen den Hund als Abschluss in der Hocke mit einem Stückchen Futter.
So werden Aufmerksamkeitssignale für den Hund gleichbedeutend mit: „Achtung, es folgt ein Aktionswechsel, jetzt heißt es dranbleiben".

UNKONZENTRIERTHEIT DES HUNDES NUTZEN

Eine bewusste Konzentration auf Ihr Schnalzen lässt sich auch wie folgt erreichen: Setzen Sie mit dem Hund an Ihrer Seite so lange Ihren Weg fort, bis er sich etwas unaufmerksam zeigt. Genau in diesem Moment schnalzen Sie mit der Zunge und lassen seiner Kontaktaufnahme eine neue Aktion folgen. Sie könnten ihn zum Beispiel ins „Sitz" bringen und Blickkontakt einfordern und dann als Belohnung mit ihm umhertollen.

01

02

04

NEBENSACHE LEINE

Nimmt der Hund gern und freiwillig Kontakt auf, orientiert er sich an der Körpersprache seines Menschen und reagiert er verlässlich auf ein Stopp-Signal, dann ist die Leine Nebensache.

HUNDEFÜHRUNG IST WIE AUTOFAHREN

Das Führen Ihres Hundes wird Ihnen umso leichter von der Hand gehen, je unmissverständlicher Ihre Signale bei ihm ankommen und je bereitwilliger er darauf reagiert. Das lässt sich am besten realisieren, wenn über den Bedeutungsinhalt der einzelnen Signalbausteine auf beiden Seiten Übereinstimmung herrscht. Denken Sie dabei ans Autofahren. Sie müssen sicherlich nicht darüber nachdenken, mit welchem Fuß Sie wann das Gas- oder Kupplungspedal betätigen müssen, während Sie gleichzeitig den Schalthebel bedienen. Sie werden auch automatisch auf das Bremspedal treten, wenn Sie das Fahrzeug anhalten wollen.

Signalübereinkunft gestattet Routine

Je genauer Sie die Funktion der einzelnen Bedienungshebel kennen und je sicherer Sie diese bedienen können, desto leichter fällt es Ihnen auch bei dichtester Verkehrslage, die Kontrolle über das Fahrzeug zu behalten, und desto gelassener werden Sie dieses ohne Beulen und Schrammen von Ziel zu Ziel steuern. Dazu ist es jedoch notwendig, dass die einzelnen Bedienelemente auch ihre Funktion erfüllen, und dass die Betätigung der einzelnen Bedienhebel für Sie zur Routine wurde.

Übertragen auf das Führen eines Hundes bedeutet das: Das Führen Ihres Hundes über einen kommunikativen Umgang mit Signalen, Gesten und der Leine kann nur reibungslos funktionieren und zur Routine werden, wenn ausreichend Signalübereinkünfte bestehen und dieser Signalvorrat im Alltagsgeschehen wie selbstverständlich zur Anwendung kommt. Kommunikative Übereinkünfte deshalb nicht nur üben, sondern leben.

Routine schafft Nähe

Je variabler Sie den bestehenden Signalvorrat Ihrem Hund präsentieren, desto spannender bleibt es für ihn und desto mehr wird er bemüht sein, sich an Ihrer Seite aufzuhalten. Umso leichter lässt sich ein Ziehen an der Leine vermeiden und ein freies Bei-Fuß-Gehen realisieren.

ÜBERSICHT DER NEUEN SIGNALE

- „Bei Fuß"-Signal Schenkelklopfen = „Bleib an meiner Seite"
- Aufmerksamkeitssignal Trippelschritt = Ankündigung zum Stehenbleiben oder Richtungswechsel
- Körpersignal „Wir gehen los"

Mit allen bis hier beschriebenen Signalbausteinen können Sie innerhalb von zwei bis drei Wochen Ihren Hund bereits gut auf sich konzentrieren.

03

01 Noch bevor der Kontakt zu Franzl abreißt, …

02 … holt sich Alex durch eine motivierend ausgeführte Kehrtwende dessen Aufmerksamkeit zurück.

03 Er macht dann eine Drehung in der Hocke …

04 … und belohnt ihn.

AKTIVE KOMMUNIKATION
— *über die Leine*

DIE LEINE

— *als aktives Signalhilfsmittel*

AKTIVER SITUATIONS-BEZOGENER LEINENEINSATZ

Hunde über Körpergesten zu führen und die Leine als Nebensache betrachten zu können, ist eine feine Sache. Jedoch gibt es Situationen, in denen es von Vorteil ist, wenn man Hunden zusätzlich oder ersatzweise über die Leine Signalinhalte übermitteln kann.

Vielen Hunden fällt es nicht nur unter Ablenkung schwer, sich auf die Signale ihres Hundehalters einzulassen. Das erschwert so manchem Halter, seinen Hund zufriedenstellend kontrollieren zu können. Hier bietet sich ein kommunikativer Einsatz der Leine an. Dabei werden entweder neue Übereinkünfte getroffen oder es wird auf bereits bestehende zurückgegriffen.

LEINENSIGNAL ALS KOMMUNIKATIONSANGEBOT

Der Hund wird die über die Leine erzeugten taktilen Reize an seinem Hals nur dann als Kommunikationsangebot vonseiten seines Menschen annehmen und im Weiteren darauf vertrauen, wenn sein Mensch sich im Gebrauch der Leine darauf beschränkt, diese im kommunikativen Sinn einzusetzen. Jedes Leinensignal, das dem Hund Schmerzen zufügt oder ihm willkürlich erscheint, weil die Aktion auf keine vorangehende Übereinkunft zurückgreift, mindert das seinem Menschen bis dahin entgegengebrachte Vertrauen.

Erst die Gesten, dann die Leine

Damit es dem Hund leichter fällt, die Leinensignale ihrem Bedeutungsinhalt entsprechend zuzuordnen, wird ihm das gewünschte Signal zuerst über die Geste vermittelt und dann das entsprechende Leinensignal in Zusammenhang mit der Geste angeboten.

LEINE ALS SIGNALVERSTÄRKER FÜR GESTEN

Nachweislich wirkt die Leine, wenn sie nach meinem Leinenkonzept als Signalhilfsmittel verwendet wird, im Zusammenspiel mit den Gesten als Signalverstärker. Eine Signalverstärkung ergibt sich aufgrund desselben Signalinhalts von Leinensignal und Geste und dem Umstand, dass hier zusätzlich ein taktiler Kommunikationskanal bedient wird. Das hilft, den Hund besser auf Körpergesten einzustellen, ihm seine Unsicherheit oder Ängstlichkeit zu nehmen und ihn souveräner an anderen Hunden vorbeizuführen.

LEINE ZUM BEUGEN DES HUNDES

Hilfssignale über die Leine werden überwiegend sanft gegeben. Sie können aber, wenn nötig, auch bestimmend zum Einsatz kommen, wenn die Situation es erfordert. Die Leine ermöglicht dann ein emotionsloses Beugen des Hundes (siehe S. 119), wenn dieser verweigert, leise und sanft gegebene Leinensignale anzunehmen und entsprechend darauf zu reagieren. Ein emotionsloses Beugen über die Leine hilft aber auch dann, wenn er, warum auch immer, die Selbstkontrolle verliert und nicht mehr ansprechbar ist oder aggressiv bellend in die Leine springt. Hier gestattet die Leine, dem Hund mehr oder minder deutlich zu sagen: „Lass das!" bzw. „Das hast du jetzt zu tun!"

Wichtig: Der Hund wird über die taktilen Signale an seinem Hals von Außenreizen abgelenkt. Das ermöglicht dem Halter, ihn wieder über Körpersignale auf sich zu konzentrieren.

ZWEI LEINENSIGNALE

Im Prinzip genügen zwei Leinensignale, um den Hund ausreichend kontrollieren zu können, wenn dieser sich an der Leine befindet.

Bei der Leinenbremse werden die Finger der Hand leicht gespreizt.

SIGNALVERSTÄRKER

Die aufgeführten Leinensignale dienen in Verbindung mit den gezeigten Körpersignalen als Signalverstärker. Werden sie ohne Körpersignal gegeben, dienen sie als deren Ersatz.

Leinenbremse

Über die Leinenbremse (siehe S. 118) kann das lästige Ziehen des Hundes unterbrochen werden, um dann über zahlreiche Varianten von Stopp-and-Go (siehe S. 120) sein Laufen an lockerer Leine zu bewirken.

Leinensitzsignal

Über das Leinensitzsignal (siehe S. 119) kann der Hund zum Beispiel über die Leine wie nebenbei im „Sitz" gehalten werden, ohne dass man dabei seine Aufmerksamkeit von der Person lassen müsste, mit der man sich gerade im Gespräch befindet. Da die Sitz-Position beim Hund zudem Ruhe einkehren lässt, wird dieser außerdem lernen, mit mehr Gelassenheit auf sein Umfeld zu reagieren. Die Sitz-Position hat hier einen ähnlichen Effekt, wie „Fuß auf der Leine" bei der Ruheübung (siehe S. 93). Auch hier gibt der Mensch sich und seinem Hund sozusagen situativ eine Auszeit. Nach solch einer Pause können beide wieder entspannt und freundlich miteinander in Kommunikation treten.

☞ GRUNDSÄTZE ZUR LEINE

DIE RICHTIGE SEITE

Wenn kein Gehsteig vorhanden ist, schreibt die Straßenverkehrsordnung vor, dass ein Fußgänger immer in die dem Verkehr entgegengesetzte Richtung gehen muss. Führt man den Hund links, befindet er sich damit auf der vom Verkehr abgewandten Seite.

DIE RICHTIGE LÄNGE

Die Länge der Leine sollte so bemessen sein, dass der Hund ausreichend Zeit hat, sich an den Körpersignalen orientieren zu können. Die Leine gleitet behutsam durch die Hand, und die Länge der Leine wird immer situationsgerecht angepasst. Bewährt hat sich in aller Regel eine Leinenlänge von zwei bis drei Metern.

DIE RICHTIGE HANDHABUNG BEIM EINHOLEN DER LEINE

Man variiert die Länge der Leine immer angepasst an die Situation. Das bedeutet natürlich ausreichendes Leinegeben beim Losgehen. Um stehenbleiben zu können wird die Leine beim Langsamerwerden eingeholt, also verkürzt (Foto 1+2), bis die Hand sich fast am Hals des Hundes befindet (Foto 3). Erst dann folgt die Leinenbremse.

Michl fasst die Leine mit der linken Hand – er führt den Hund auf der rechten Seite – und bildet mit der rechten Hand eine Öse, durch die die Leine gleiten kann.

Die linke Hand hält die Handschlaufe und holt gleichzeitig die Leine beim Verkürzen durch die von der rechten Hand gebildete Öse ein.

Die rechte Hand wird fast bis an den Hals des Hundes geführt, damit er nur wenig Spielraum hat, um vorzupreschen.

DIE AUSFÜHRUNG DER LEINENBREMSE

Um dem Hund die Leinenbremse zu vermitteln, synchronisieren Sie das Einholen der Leine mit dem Langsamerwerden beim Trippelschritt.

So wird's gemacht: Zeitgleich mit dem Langsamerwerden über den Trippelschritt holen Sie sanft die Leine ein (siehe Fotos S. 117) und geben (wenn Sie den Hund auf der linken Seite führen) mit der linken Hand in Höhe des Oberschenkels ein Bremssignal über die Leine. Dazu üben Sie mit der flachen Hand einen leichten und äußerst gefühlvollen Zug über die Leine nach schräg hinten auf das Halsband aus (Foto). Kurz bevor Sie endgültig stehen bleiben, sollten Sie die Leine bereits soweit eingeholt haben, dass ein Vorpreschen des Hundes damit verhindert wurde und sein Kopf sich etwa in Höhe Ihres Knies befindet.

Durch Pausen die Leinenbremse verdeutlichen

Damit der Hund die Leinenbremse bewusster wahrnimmt, machen Sie nach dem Stehenbleiben zunächst eine kleine Pause, bevor Sie weitere Signale folgen lassen.Zum Beispiel ein Sitz mittels Geste und Körpersignal und darauffolgende Belohnung oder ein deutliches Losgehen über das „Wir gehen los"-Körpersignal, um dann nach einigen Metern wieder Trippelschritt und Leinenbremse zum Einsatz zu bringen.

Richtig ausgeführt übt die Hand einen leichten Zug nach schräg hinten aus.

Leinenbremse als Ersatz für Trippelschritt

Gekoppelt mit dem Trippelschritt wirkt die Leinenbremse als Signalverstärker. Wenn Sie jetzt den Trippelschritt weglassen, wird die Leinenbremse zum taktilen Signalersatz für den Trippelschritt.

Aufmerksamkeit auf Signale erhöhen

Um die Aufmerksamkeit des Hundes und seine Konzentration auf die beiden Bremssignale zu erhöhen, bieten Sie ihm diese jetzt variabel im Wechsel an. Entweder als Kombination oder einzeln .

Hörzeichen für Steh hinzunehmen

Als Nächstes koppeln Sie an den Trippelschritt mit Leinenbremse beim Stehenbleiben des Hundes das Hörzeichen „Steh". Damit unterstützen Sie beide Signale. Jetzt können Sie das Hörzeichen „Steh" auch nutzen, um damit wahlweise den Trippelschritt oder die Leinenbremse verstärkend zu unterstützen. Das Hörzeichen ermöglicht Ihnen auch, Ihren frei laufenden Hund nach erfolgtem Aufmerksamkeitssignal sanft zum Stehen zu bringen, um dann ein weiteres Signal folgen zu lassen.

Wichtig: Verwendet man die Leine als Signalverstärker und bewusst zur Kommunikation, begeht man nicht mehr so schnell den Fehler, an der Leine zu rucken oder diese chaotisch einzusetzen.

DIE AUSFÜHRUNG DES LEINENSITZSIGNALS

Um Ihrem Hund das Leinensitzsignal zu vermitteln, synchronisieren Sie das Einholen und Sanft-nach-oben-Ziehen der Leine mit Ihrem Körpersignal für „Sitz".

So wird's gemacht: Aus dem Gehen heraus

01 *Bremsen, …*

02 *… Sitzen, …*

03 *… Leine fallen lassen.*

(der Hund geht an lockerer Leine neben Ihnen) verlangsamen Sie das Tempo. Zeitgleich mit dem Langsamerwerden, setzen Sie die Leinenbremse ein und stoppen. Nachdem Sie zum Stehen gekommen sind, verharren Sie einen Augenblick. Über ein Schnalzen bewirken Sie dann den Blickkontakt des Hundes, wodurch Sie seine Aufmerksamkeit gezielter auf das nun folgende Körpersignal für „Sitz", Ein-leicht-in-die-Hocke-gehen-und-sich-wieder-Aufrichten lenken können. Synchron zu Ihrer Körperbewegung ziehen Sie jetzt sanft die Leine nach oben. So lernt Ihr Hund wie nebenbei, den taktilen Reiz am Hals als Signalhilfe kennen.

Wichtig: Das Leinensitzsignal gestattet es Ihnen, Ihren Hund emotionslos zu zügeln und ihn aus seiner Anspannung zu nehmen und wieder Ruhe in die Situation einkehren zu lassen.

Leine locker als Bestätigung

Noch während Ihr Hund sich setzt, öffnet sich die Hand, mit der Sie die Leine sanft nach oben geführt haben, sodass die Leine nach unten gleitet und bis zum Boden durchhängt. Die Handschlaufe bleibt dabei weiter in der anderen Hand. Nun erhält der Hund zeitnah ein oder zwei Leckerchen aus Ihrer Hand. So bleibt er gern an Ihrer Seite.

Leinensignal erhält Bedeutungsinhalt

Nach einer kleinen Pause setzen Sie Ihren Weg mit einem „Wir gehen los"-Körpersignal fort, lassen nach einigen Metern wieder Trippelschritt mit Leinenbremse folgen und bringen den Hund nach einer kleinen Pause über Körper- und Leinensignal ins „Sitz". Mit jeder Wiederholung wird der Hund die Signalbedeutung des taktilen Reizes am Hals bewusster einem Sitz-Signal zuordnen. Das Leinensitzsignal kann im Weiteren als Signalverstärker Verwendung finden oder situativ dazu dienen, dem Körpersignal mehr Nachdruck zu verleihen.

ÜBERSICHT DER NEUEN SIGNALE

- Leinenbremse = Ankündigung zum Stehenbleiben oder Richtungswechsel
- Leinensitzsignal

STOPP-AND-GO AN DER LEINE MIT SITZ

ÜBUNGSVARIANTE IN SECHS SCHRITTEN

1. **Langsamerwerden** Aus dem Gehen heraus Langsamerwerden, mit Einholen der Leine und Trippelschritt.
2. **Stoppen** Unter Zuhilfenahme der Leinenbremse stoppen.
3. **Ruhe** Stehenbleiben und Pause machen, das bringt Ruhe in den Hund. Schnalzen schafft Kontaktaufnahme.
4. **Sitz** Gleichzeitig mit dem Körpersignal (die Knie etwas beugen und dann strecken) mit der linken Hand sanft an der Leine ziehen, um das Signal für „Sitz“ zu geben.
5. **Leine locker – Marker setzen** Genau in dem Moment, in dem der Hund sich zu setzen beginnt, öffnet sich die linke Hand, die Leine fällt und hängt locker bis zum Boden durch. Die Handschlaufe verbleibt in der rechten Hand.
6. **Ruhe** Die locker zum Boden durchhängende Leine signalisiert dem Hund „Sitzen bleiben und warten“. Die volle Leinenlänge gibt ihm den Freiraum, eine später folgende „Wir gehen los“-Geste erst einmal wahrzunehmen und dann auch noch genügend Zeit zu haben, ohne Ruck an der Leine nachzufolgen.

Wieder von vorne beginnen Die einzelnen Schritte beim Stopp-and-Go können auch ergänzt werden mit Richtungswechseln oder kurzen Pausen mittels der Ruheübung.

01

02

03

01 – 02 *Über die Kombination von Trippelschritt und Leinenbremse kommt das Gespann zum Stehen.*

03 *Nach einer kleinen Pause leitet das Körpersignal das Sitzen des Hundes ein.*

04 *Fast zeitgleich wird zusätzlich ein sanftes Leinensitzsignal gegeben.*

05 *Noch während der Hund sich in die Sitz-Position begibt, lässt Nikki die Leine fallen und nimmt mit ihrem ganzen Körper eine entspannte Ruheposition ein.*

04

05

LEINENPROBLEME
— *erkennen und lösen*

LEINENPROBLEME SIND LÖSBAR

So ziemlich jedes unerwünschte Verhalten, das ein Hund an der Leine zeigt, lässt sich über die Leinenbremse, das Leinensitzsignal sowie die Ruheübung in gewünschte Bahnen lenken.

Vom einfachen Ziehen an der Leine durch Unkonzentriertheit des Hundes über Ängstlichkeit, die eine Konzentration auf den Halter unmöglich macht, bis hin zum Verlust der Selbstkontrolle des Hundes, weil ihm das Umfeld Reize bietet, denen er sich nicht verschließen kann, reichen die Probleme, die Hundehalter aufführen.

LEINENPROBLEME MÜSSEN NICHT SEIN

Am besten wäre es, Leinenprobleme im Ansatz durch entsprechendes Führen eines Hundes auszuschließen (siehe S. 32). Jedoch lassen sich auch im Nachhinein fast alle Leinenprobleme über den zielgerichteten kommunikativen Einsatz der Leine beheben.

Packen Sie es an!

Einem Hund fest verankerte Gewohnheiten abzugewöhnen, ist in den meisten Fällen nicht so mühsam, wie es sich zu Beginn darstellt. Es bedarf nur eines neuen Regelwerks. Jetzt gilt es nur noch, sich konsequent an die neu getroffenen Übereinkünfte zu halten, und wie von selbst wird sich das Verhalten des Hundes zum Positiven ändern.
Ein Hund lernt extrem schnell. Dazu muss man ihm nur verständlich nahebringen, was man von ihm erwartet. Also packen Sie es an! Es liegt nicht an Ihrem Hund, sondern nur an Ihrem Ausdrucksverhalten und daran, wann und wie Sie die Leine als Signalhilfsmittel einsetzen.

Kommunizieren statt Kommandieren

Verzichten Sie beim Führen Ihres Hundes auf jegliche Signale, die dem Hund Widersprüchliches übermitteln könnten. Hier stechen besonders Hörzeichen negativ hervor, da diese gestatten, unbewusst in unmutig lautes Brüllen abzurutschen und den Hund dann eher auf Distanz halten, als zu bewirken, dass er Ihre Nähe sucht.
Gesten sprechen viel klarer für sich und können damit leichter unmittelbare Kommunikation in Gang setzen. Bringen Sie Klarheit in Ihre Körper- und Leinensignale und reduzieren Sie sich auf solche Signale, deren Bedeutungsinhalt der Hund verstehen kann. Erst dann dürfen Sie erwarten, dass der Hund entsprechendes Verhalten zeigt. Die Mehrzahl der bestehenden Leinenprobleme dürfte sich damit abstellen lassen.

Konsequente Umsetzung der Freiraumzonen hilft bei Leinenproblemen.

Bloßes Zurückziehen des Hundes an der Leine ist kein nachhaltiges Lösungsmodell.

FÜHRUNGSKOMPETENZ UND SOUVERÄNITÄT

Ihre Führungskompetenz und Ihre Souveränität, die Sie über die Leine vermitteln, bieten Ihrem Hund den nötigen Freiraum, selbstbewusst auf das Umfeld zu reagieren.

Kritische Situationsanalyse

Noch bevor die Leine zur Korrektur eingesetzt wird, sollte eine kritische Situationsanalyse erfolgen.

- Wie laufen die Spaziergänge mit dem Hund ab?
- Ergeben sich dabei täglich wiederholende stressige Situationen?
- Gibt es Örtlichkeiten, die Sie mit Ihrem Hund nicht mehr aufsuchen können?
- Zeigt Ihr Hund sich dabei ängstlich und will fortwährend ausweichen oder geht er forsch nach vorne?
- Interessiert Ihr Hund sich unterwegs so gut wie gar nicht für Sie oder lässt er sich jederzeit dazu motivieren, Blickkontakt aufzunehmen?
- Wo stehen Sie bezüglich der Freiraumzonen, insbesondere der Freiraumzone 1 und der Leine als Nebensache?

Im Folgenden beschreibe ich beispielhaft einige Problemstellungen und meinen jeweiligen Lösungsansatz, der auf das bisher Gelernte zurückgreift.

DER UNSICHERE HUND

An der Leine erfährt der Hund, dass er nicht ausweichen kann, um damit dem Unbegreiflichen aus dem Weg zu gehen. Er muss sich zusammen mit Ihnen Unbekanntem stellen und sich damit auseinandersetzen.

ANGSTVERHALTEN ÜBERWINDEN

Ein Hund, der vor Situationen, Gegenständen oder Personen flieht, belohnt sich damit selbst. Er lernt: Fliehen mindert den Angstfaktor und gibt Freiraum und etwas Sicherheit. Eine konstruktive Auseinandersetzung findet nicht statt. Er wird auch künftig versuchen, die vermeintlich gefährliche Situation dadurch zu meistern, dass er ausweicht, flieht oder, wenn er sich in die Enge gedrängt fühlt, Drohverhalten zeigt.

Ist der Hund an der Leine, kann er nicht mehr in Panik flüchten. Er ist dann gezwungen, sich mit den Stressoren auseinanderzusetzen und wird das dabei auch lernen, wenn Sie zielorientiert vorgehen.

DIE SITZ-POSITION

Mithilfe der Leine wird der Hund durch die ihn verunsichernde Situation geführt. Das könnte sich folgendermaßen abspielen: Gemeinsam nähert man sich dem Stressor (z. B. einer lauten Baumaschine), stoppt dort und bringt den Hund nötigenfalls durch das Leinensitzsignal ins „Sitz". Jetzt wartet man, bis sich seine Anspannung löst und er ruhig das Geschehen beobachtet. Dann geht man ein Stückchen weiter, stoppt nochmals, macht kehrt und nähert sich der Baumaschine ein zweites Mal. Wieder ein Stoppen, ein Sitz und warten, bis der Hund ruhig und gelassen ist. Nun geht es mit einem „Wir gehen los"-Körpersignal weiter.

Einfordern der Sitz-Position hilft aktiv Stressoren zu verarbeiten.

Akzeptiert der Hund Bleib 3 als Grünen Bereich, begegnet er Stressoren aus dem Umfeld gelassener.

Desensibilisierung über die Ruheübung. Der Hund wird dabei ignoriert, ...

... dann folgen Distanzunterschreitung und zweite Person.

Der Hund lernt dabei, Stressoren parallel zu verarbeiten: zum einen das sanfte Ziehen an der Leine, mit dem das Sitz eingefordert wird, und zum anderen der ihm Furcht einflößende Maschinenlärm.
Man muss nur darauf achten, zunächst nicht zu dicht an die vermeintliche Gefahrenquelle heranzugehen, denn ist der Hund extrem geängstigt, gerät er vielleicht in Panik, und seine Angst steigert sich unter Umständen, bis er kollabiert. Gefühlvolle Desensibilisierung unter Verwendung von exakt dosiertem, der Situation angepasstem „Zwang" ist hier gefordert.

DIE RUHEÜBUNG

Die Ruheübung eignet sich ausgezeichnet dazu, einen Gewöhnungs- und Desensibilisierungsprozess beim Hund in Gang zu setzen. Er muss sich mit den Stressoren aus dem Umfeld auseinandersetzen, da er nicht fliehen kann. Bleibt sein Mensch dabei konsequent, ruhig und unbekümmert, wird sich diese Stimmung auf den Hund übertragen.

DIE BLEIB-3-ÜBUNG

Auch während einer Bleib-3-Übung (siehe S. 161) lernt der unsichere oder ängstliche Hund, Stressfaktoren aus dem Umfeld zu ertragen und so als letztlich ungefährlich einzuordnen. Jedoch ist es hier besonders wichtig, die binären Signale klar, sachlich, eindeutig und unmissverständlich anzuwenden und die Symbolik einzuhalten. Damit wird sichergestellt, dass der Hund sich dafür entscheidet, den Grünen Bereich (Freiraumzone 1) nicht zu verlassen, da er sich sonst in den Roten Bereich (Freiraumzone 5) begeben würde und eine binäre Reglementierung zu erwarten ist. Während dieses Entscheidungsprozesses rücken Stressoren aus seinem Umfeld in den Hintergrund und verlieren an Gewichtung.

DER NOTORISCHE LEINENZIEHER

Leinenzieher sind in den meisten Fällen selbstgemacht. Daran wird sich nur etwas ändern, wenn derjenige, der den Hund führt, seinen Führungsstil und Führungsanspruch überdenkt und ändert.

Nachfolgendes spielt sich fast täglich millionenfach bei Hundebesitzern ab. Der Hundehalter ist mit dem Hund unterwegs. Die Zeit ist meist knapp bemessen und der Hund zieht, wie fast immer, an der Leine. Das macht er jeden Tag, denn er will möglichst schnell an einen – an welchen, weiß nur der Hund – für ihn äußerst wichtigen Ort. Der Halter ist, wie meist, schrecklich genervt. Denn eigentlich hat er es eilig und weder Zeit noch Geduld, sich damit auseinanderzusetzen, dass der Hund an der Leine zieht. Dazu kommen vielleicht noch Rückenschmerzen, der Arm tut weh und es regnet. Alles passt wieder so richtig gut zusammen, und der Ärger über das Verhalten des Hundes ist so groß, dass der Halter zwischen lauten „Fuß"-Rufen, An-der-Leine-Rucken, Den-Hund-Zurückzerren, Schimpfen oder Resignieren hin und her schwankt.

LEINENPROBLEME HAT FAST JEDER

Sollten auch Sie ein Leinenproblem haben, müssen Sie sich über eines im Klaren sein: Eine Ist-Situation, die Sie nicht zufriedenstellt, wird bestehen bleiben, wenn sich das dafür verantwortliche Muster täglich wiederholen kann und von Ihnen keine Veränderung angestrebt wird. Irgendwann müssen Sie sich durchringen, Gegebenheiten zu verändern, die Sie stören.
Nichts spricht dagegen, gleich jetzt damit anzufangen.

Hier helfen keine Hörzeichen, sondern nur konsequentes Umsetzen der Freiraumzone 1.

Am besten von vorne beginnen

Erinnern Sie sich an den Anfang des Buches? Ohne Kontaktaufnahme kann kein Gespräch stattfinden und ohne Interesse an Ihrem Tun wird es schwer für Sie, den Hund auf sich zu konzentrieren. Blättern Sie einfach noch einmal zurück und beginnen Sie der Reihe nach, bisher gelernte Gesten und Körpersignale auf ihre Signalwertigkeit zu überprüfen, auch im Zusammenhang mit der Leine als Nebensache.

Wichtig: Eine Ist-Situation, die Sie nicht zufriedenstellt, wird bestehen bleiben, wenn sich das dafür verantwortliche Muster täglich wiederholen kann und von Ihnen keine Veränderung angestrebt wird.

WARUM MISSACHTET EIN HUND SEINEN MENSCHEN

Es gibt viele Gründe, weshalb ein Hund sich nicht auf seinen Halter konzentriert und an der Leine sein Ding macht. Gründe, die in der Natur des Hundes liegen und welche, die ihre Ursache im Verhalten des Menschen haben.

MENSCH, DU BIST NICHT SPANNEND!

An erster Stelle steht wohl, dass ein Hund vorwärtskommen will, und zwar irgendwohin, wo er sich Spannenderes erhofft. Es stellt sich also die Frage: Was ist für den Hund wichtiger und spannender, als an der Seite seines Menschen zu bleiben? Die Antwort ist sehr ernüchternd: so ziemlich alles! Leider zeigt sich bei vielen Hunden sehr häufig ein deutlich sichtbares Desinteresse am Menschen. Der Mensch selbst und das gemeinsame Tun, wie beispielsweise der Spaziergang, sind nicht interessant genug. Das ist mit die häufigste Ursache des Problems und hier muss auch angesetzt werden.

Ist der Mensch nicht mehr spannend, wendet der Hund sich ab.

FEHLENDE KÖRPERLICHE UND GEISTIGE AUSLASTUNG

Es reicht bei Weitem nicht aus, wenn Hunde nur „Gassi geführt" werden. Ohne ein Minimum an Freilauf, Sozialkontakt zu Artgenossen, Denksport über Dummy- oder Fährtensuche und Abwechslung durch Eingliederung in den Alltag fühlen sich die meisten Hunde unterfordert. Die dabei aufgestaute Energie sucht sich ein Ventil. Somit ist es auch nicht verwunderlich, wenn der Hund jedem sich bietenden Reiz erliegt.

GERUCHSSTOFFE ZIEHEN HUNDE MAGISCH AN

Der Hund ist genetisch so angelegt, dass er Explorationsverhalten (Erkundungsverhalten aus Neugierde) zeigt. Er nimmt sein Umfeld anders wahr als der Mensch und verfolgt natürlich auch andere Interessen. Fast sämtliche Gerüche erregen seine Aufmerksamkeit und lösen eine Reaktion bei ihm aus. Unterschiedlichste Geruchsmoleküle geben dem Hund die vielfältigsten Mitteilungen. Sie ziehen ihn regelrecht an. Er kann oft nicht anders, als einer Geruchsspur zu folgen. Ist Ihnen schon einmal aufgefallen, dass es Ihren Hund, ob angeleint oder nicht, sofort an die Stelle hinzieht, an der ein Artgenosse interessiert an etwas schnuppert?

HUNDE WOLLEN MIT HUNDEN KOMMUNIZIEREN

Wenn Hunde sich begegnen, werden sie innerhalb kürzester Zeit die wichtigsten Vereinbarungen und Übereinkünfte treffen, sozusagen für den Fall des Falles. So kann es vorkommen, dass bei der Begegnung zweier Hunde einer von beiden sich durch die ausgesendeten Signale des anderen wie magisch von diesem angezogen fühlt. Er muss sich unbedingt mit seinem Artgenossen „unterhalten". Ist er dabei angeleint, kommt es fast automatisch dazu, dass sich die Leine spannt.

BEWEGUNGSREIZE FESSELN DEN HUND

Hunde zeigen (durch exzessives Werfen von Stöcken oder Bällen oft noch unbewusst gefördert) häufig ein besonderes Verlangen, allem, was sich bewegt, nachzuhetzen, um es zu fangen und zu packen. Aber auch der Wunsch, jemanden zu vertreiben, ist oft die Ursache für ein Hinterherhetzen sich bewegender Personen oder Artgenossen. Ermöglicht man dem Hund fortwährend, seinen Verfolgungs-, Hüte- oder Vertreibungsdrang auszuleben, indem man ihn frei laufen lässt und er dabei mit Bewegungsreizen konfrontiert wird, die ihn so gefangen nehmen, dass man ihn dann selbst an der Leine fast nicht mehr kontrollieren kann, ist das Leinenproblem geboren.

WER GEHT BEI WEM AN DER LEINE?

Dass der Mensch sich, wenn auch völlig unbewusst, von seinem Hund „führen" lässt, beobachte ich bei vielen Hundehaltern. Oft scheint es so, als bestünde eine unsichtbare Verbindung zwischen beiden, durch die der Mensch seine Anweisungen erhält, wohin er

Ohne klares Regelwerk kommt es in solchen Situationen schnell zum Kontrollverlust.

seinem Hund an der Leine folgen soll. Stehen bleiben, weitergehen, nach rechts oder nach links oder einmal im Kreis herum. Dem Hund wird dazu noch ein Brustgeschirr angelegt, denn man will ja vermeiden, dass Zug auf seinen so „empfindlichen Hals" ausgeübt wird. Das beruhigt das Gewissen, wenn der Hund sich in die Leine legt, denn jetzt kann es ihm ja nicht mehr schaden.
Diese eigentlich völlig verdrehte Welt ist typisch für viele Mensch-Hund-Beziehungen, und besonders typisch für Welpenbesitzer mit ihrem süßen Liebling. Es fragt sich nur, warum ein Hund sich am Partner Mensch orientieren sollte, wenn dieser ihm nicht vermittelt, wer wem nachfolgen soll.

Das Maul des Hundes ersetzt die Hand des Menschen.

BASISPROGRAMM FÜR LEINENZIEHER

Nachfolgende Beispiele zeigen Ihnen, wie das bisher Gelernte für Sie und Ihren Hund zum Regelwerk werden kann, und wie es Ihnen dadurch gelingt, sein Ziehen an der Leine nachhaltig abzustellen.

GÖNNEN SIE SICH DIESES ERFOLGSERLEBNIS

Einzig Sie, Ihr Hund und die anstehende Kommunikation mit ihm über Gesten und Signale sowie die bewusste Handhabung der Leine stehen dabei im Vordergrund.

MUT ZUM FÜHRUNGSANSPRUCH

Damit Ihr Hund überhaupt lernen kann, sich gesittet an der Leine zu benehmen, müssen Sie bereit sein, konsequent den Part des Führenden zu übernehmen. Will heißen, vom Anleinen des Hundes zu Beginn des Spazier-

Nachdem die Haustüre verschlossen wurde wartet Assi ruhig auf das „Wir gehen los"-Körpersignal.

Ein Sitz am Gartentor als Einstieg für einen kultiviert ablaufenden Spaziergang.

gangs bis zu dem Zeitpunkt, da er am Ende des Spaziergangs wieder abgeleint wird, bestimmen Sie den Weg, das Tempo und die Pausen. Wie immer steht dabei Motivation an oberster Stelle. Setzen Sie dazu noch die Leine als Signalverstärker ein, wird sich innerhalb kürzester Zeit ein Erfolg einstellen.

ZU HAUSE GEHT ES LOS

Nehmen Sie zu Hause Leine und Halsband in die Hand und warten Sie, bis sich die Vorfreude Ihres Hundes gelegt hat. Erst dann lassen Sie ihn über das Anleinritual ins Halsband schlüpfen. Nehmen Sie ihn wirklich erst dann an die Leine, wenn seine Erregung abgeklungen ist und er ruhig vor Ihnen im Sitz darauf wartet, seinen Kopf durch das Halsband stecken zu dürfen. Sollte er sich nicht beruhigen, legen Sie die Leine im Flur ab, gehen ins Wohnzimmer, setzen sich mit einer Zeitschrift in einen Sessel und lesen eine Weile darin. Ignorieren Sie dabei jegliches noch tolerierbare Verhalten des Hundes. Kommt er zur Ruhe, gehen Sie wieder in den Flur und starten das Anleinritual. Wiederholen Sie das so lange, bis Ihr Hund einsieht, dass Sie den längeren Atem haben und es erst dann losgeht, wenn er sich in aller Ruhe anleinen lässt.

WENN SIE ZUR TÜR HINAUSGEHEN

Ganz wichtig: Es geht erst los, wenn sich der Hund zuvor hinsetzt und ruhig wartet, bis die Tür oder das Gartentor geöffnet wurde und Sie ihn zum Mit-nach-draußen-Gehen auffordern. Draußen, wo er wieder über Geste und/oder Körpersignal ins „Sitz" gebracht wird, soll er warten, bis Sie die Tür beziehungsweise das Gartentor gemächlich und ohne Eile hinter sich geschlossen haben. Lassen Sie sich dabei bewusst Zeit, damit Ihr Hund wirklich zur Ruhe kommen kann. Ein ruhiger und konzentriert ausgeführter Start wirkt sich nämlich positiv auf den weiteren Verlauf des Spaziergangs aus und schafft eine angenehme Atmosphäre des Lernens. Dadurch stellt sich auch schnell ein Erfolg ein.

MIT DEM AUTO UNTERWEGS

Am Auto wartet der Hund beim Öffnen der Autotür ebenso, wie er das beim Öffnen der Haustür tut. Vor dem Aussteigen wird mittels Anleinritual das Halsband mit daran angeklickter Leine angelegt. Erst dann darf er mit einem „Hopp" aus dem Auto springen, wo er sofort über das Körpersignal und nötigenfalls über die Leine ins „Sitz" gebracht wird. Das daraufhin folgende Fallenlassen der Leine signalisiert ihm: Ruhe, Sitzenbleiben und Warten. So lernt er, sich ruhig und gelassen auf das einzulassen, was nach der Autofahrt folgt. Sei es der gemeinsame Spaziergang oder die notwendigen Besorgungen in der Stadt. Gleichermaßen verfahren Sie nach der Rückkehr zum Auto. Der Hund wird vor dem Wagen ins „Sitz" gebracht und darf nach kurzem Blickkontakt und der Aufforderung „Hopp" ins Auto springen. Worauf ihm das Halsband abgenommen wird, damit er sich während der Fahrt nicht strangulieren kann.

ÜBER STOPP-AND-GO DAS ZIEHEN VERHINDERN

Wie geht es weiter? Der angeleinte Hund hat an der Haustür ruhig im Sitz gewartet. Sie haben alles Wichtige dabei: Jacke, Hut, Futtertasche, Dummys und was Sie sonst noch alles auf einen Spaziergang mitnehmen. Dann gehen Sie los. Jetzt kommt es darauf an, dass der Hund sich nicht sofort in die Leine hängt und wie gewohnt zu ziehen beginnt.
Nun muss die richtige Leinenführung greifen. Entweder genügen jetzt Ihre Gesten und Körpersignale, um den Hund im Sinne von Leine als Nebensache auf sich zu konzentrieren, oder wenn er nicht darauf anspricht, machen Sie ihm sofort unter Zuhilfenahme der Leine klar, dass jetzt gebremst wird. Gehen Sie dazu in den Trippelschritt über und holen Sie gleichzeitig die Leine ein, bis die linke Hand fast das Halsband berührt (siehe S. 117). Dann ziehen Sie sanft mit gleichzeitigem Körpersignal (leicht In-die-Hocke-Gehen) die Leine nach oben, um das Sitz einzuleiten, und lassen sofort, wenn der Hund sich setzt, übertrieben deutlich für ihn die Leine nach unten fallen, damit er einen Zusammenhang zwischen seinem Sich-Hinsetzen und dem Lockerwerden der Leine erfassen kann. Die Handschlaufe der Leine bleibt dabei in der rechten Hand, wenn der Hund links geführt wird.

Wichtig: Lassen Sie nicht nur ein bisschen locker, sondern lassen Sie die Leine wirklich durchhängen, sodass sie möglichst den Boden berührt.

EXAKTE DURCHFÜHRUNG

Dieses erste Regelwerk erfordert anfangs etwas Geduld. Dennoch ist es enorm wichtig, hier nicht zu schludern, selbst wenn Sie in Eile sind. Sie wollen doch ein konzentriertes Kontakthalten des Hundes bewirken.

01 Zeigt der Hund sich trotz Trippelschritts unaufmerksam, kommt die Leinenbremse als Signalhilfe zur Anwendung.

KURZE PAUSE, SITZ UND DURCHATMEN

Der Hund sitzt. Atmen Sie tief durch und entspannen Sie einen Augenblick, bevor Sie Ihren Hund wieder über ein Aufmerksamkeitssignal auf sich konzentrieren und es mit Stopp-and-Go weitergeht.

WENN DER HUND NICHT SITZEN WILL

Verweigert der Hund sich zu setzen, oder steht er zwischenzeitlich wieder auf, bringen Sie ihn durch einen sanften Zug an der Leine emotionslos und ohne ihn durch ein Anschauen zu konfrontieren wieder ins „Sitz“. Wiederholen Sie diesen Vorgang so lange, bis bei ihm Entspannung und Ruhe einkehren. Bleiben Sie dabei an derselben Stelle stehen. Lassen Sie sich von ihm nicht aus dieser Position ziehen, indem Sie nach vorne, hinten oder seitwärts ausweichen. Vermitteln Sie ihm unnachgiebig „Ihren Standpunkt!“ Steht er auf, spannt sich die Leine, setzt er sich, entspannt sich diese wieder, bleibt er sitzen, bleibt auch die Leine entspannt.

02 Dann unterstützt das sanfte Leinensitzsignal die Körpergeste.

So lernt er schließlich, dass ein Ziehen an der Leine weder ein geeignetes Mittel ist, den durch Sie definierten Freiraum (siehe S. 32) zu erweitern, noch ihm ermöglicht, seinen Willen gegen Sie durchzusetzen.
Nur sein Nachgeben kann bewirken, dass die Leine sich lockert und Sie ihm wieder freudig gestimmte Aufmerksamkeit schenken.
Bleiben Sie dabei völlig ruhig und sachlich. Er soll sich nur mit der Leine beschäftigen. Wenn Sie sich ärgern und ungeduldig in verbale Signale verfallen, wird ihn das nur verunsichern und dazu führen, dass er sich Ihnen gegenüber nicht mehr offen zeigt, und seine Bereitschaft mit Ihnen in Kommunikation zu treten schwindet.

UND WIEDER VON VORNE

Dieser Ablauf wird nun wiederholt. Immer wieder, auch wenn Sie anfangs den Hund schon bei jedem zweiten Schritt zum Stehenbleiben und kurz darauf ins „Sitz" beordern müssen, um ihm das Ziehen zu verleiden. Versuchen Sie den Bewegungsablauf Ihres Körpers und das Zusammenspiel mit der Leine

03 Der Kontakt ist hergestellt. Damit könnte auf die Leine als Signalhilfe verzichtet werden.

beim Stopp-and-Go fließend zu gestalten, so als würden Sie einen Tanzschritt vollziehen, um damit Ihren Partner zu führen. Sprechen Sie nicht dabei, sondern konzentrieren Sie sich allein auf Ihren Bewegungsablauf, Ihre Signalgebung und seine Reaktionen darauf. Bleiben Sie ruhig, emotionslos, klar und deutlich in Ihrer Leinenhandhabung und in Ihren Körpersignalen.

01

MENSCH UND HUND GANZ BEI DER SACHE

Je konzentrierter Sie bei diesen anfangs kürzeren, dann immer länger werdenden Übungsabläufen sind, in denen Sie schnell und präzise auf jedes Spannen der Leine reagieren, umso weniger Zeit hat der Hund, sich auf etwas anderes als auf Sie zu konzentrieren.

KONSEQUENT DEN WEG BESTIMMEN

Will der Hund die Seite wechseln, ziehen Sie ihn sanft, aber bestimmt wieder in seine Position an Ihre linke Seite. Will er Sie überholen, machen Sie eine Kehrtwendung, ermuntern ihn zum Mitkommen durch ein Aufmerksamkeitssignal, gehen einige Schritte, drehen sich wieder um und gehen in Ihrer ursprünglichen Richtung weiter (Kehrtwendung, siehe S. 108). Bemühen Sie sich darum, dass Ihr Hund auf Sie konzentriert bleibt und sich an Ihren Bewegungen orientieren kann. Reagieren Sie immer entgegengesetzt dazu, wie der Hund agiert. Sie bestimmen den Weg und das Tempo!

WENN DER HUND NICHT NACHFOLGEN WILL

Will der Hund zum Beispiel bei einer Kehrtwende in gerader Richtung weiterlaufen, geben Sie volle Leine, bremsen ihn dabei jedoch sanft ab, damit es nicht zu einem unangenehmen Leinenruck kommt und bleiben dabei ganz ruhig stehen. Nun gilt es auf den Moment zu warten, da es ihm langweilig wird, weil sich vor seiner Nase nichts mehr tut. Es kommt zur Reizermüdung und er wird sich in eine andere Richtung orientieren. Das heißt, zwangsweise wird dabei sein Blick auch auf Sie fallen. Das ist exakt der Moment, in dem Sie ein überfreundliches „So bist du brav“ von sich geben und ihn mit Ihrem Körpersignal „Wir gehen los“ zum Mitkommen animieren. Befindet er sich daraufhin wieder an Ihrer Seite, gehen Sie nach ein paar Schritten in die Hocke und bieten ihm ein paar Leckerchen aus der Hand an. Die Futterhand lässt ihn sein Umfeld vergessen und bewirkt, dass er sich jetzt wieder voll auf Sie konzentrieren wird. Einmal mehr macht er die Erfahrung, dass Sie seinem Sich-Umbesinnen etwas Lohnenswertes folgen lassen.
Sollte er jedoch die Futterhand ignorieren, bietet es sich an, wieder vermehrt die Futterschüssel zum Einsatz zu bringen.

BLEIBEN SIE DEUTLICH IN DER SIGNALGEBUNG

Konzentrieren Sie sich darauf, möglichst deutlich über Körpergesten und Leinensignale zu kommunizieren. Mit der Zeit wird Ihr Hund aufmerksamer werden, besser auf Ihre Körpergesten achten, nicht mehr in die Leine

02

01 Wortlos und ohne den Hund weiter zu ziehen verharrt Anton einen Augenblick und wartet darauf, dass es beim Hund zur Reizermüdung kommt.

02 Als der Zug an der Leine schwächer wird, schnalzt Anton mit der Zunge. Der Hund nimmt Kontakt auf ...

03 ... und Anton setzt seinen Weg mit einem auffordernden Körpersignal „Wir gehen los" fort.

03

springen und bewusst versuchen, sich so zu verhalten, dass sich die Leine nicht mehr spannt. So werden Sie sich immer weniger genötigt sehen, die Leine als Signalverstärker einzusetzen. Zu guter Letzt ist die Leine dann überwiegend Nebensache.

DEN HUND IN ATEM HALTEN

Halten Sie den Hund über unterschiedliche Abläufe in Atem, zum Beispiel, indem Sie immer wieder einen Winkel gehen, Kehrtwendungen machen, mithilfe der Leinenbremse stehen bleiben usw. Konzentrieren Sie sich darauf, dass es ihm unmöglich wird, gedanklich abzuschweifen. Lassen Sie ihm einfach keine Zeit, sich auf einen anderen Reiz einzulassen, sodass er gar nicht mehr auf die Idee kommen kann, an der Leine zu ziehen, um selbst eine Richtung vorzugeben.

ABLAUFPLAN IM ÜBERBLICK

1. Einige Schritte gehen,
2. Trippelschritt und Leinenbremse mit Stehenbleiben,
3. entweder Ruheübung,
4. oder ins „Sitz" bringen (anfangs noch mithilfe der Leine, später nur noch über Geste),
5. „Wir gehen los"-Körpersignal und losgehen,
6. Aufmerksamkeitssignal, Richtungswechsel (mit ausreichend Leine),
7. „Wir gehen los"-Körpersignal und losgehen,
8. wieder stehen bleiben usw.

☞ REGELWERK FÜR HUNDEBEGEGNUNGEN EINSTUDIEREN

KLARE REGELN AN DER LEINE HELFEN

— Motivieren Sie Ihren Hund zu ruhigem Verhalten an der Leine, wenn Sie auf Artgenossen treffen. Will Ihr Hund Sie beispielsweise an der Leine zu einem anderen Hund zerren, reagieren Sie darauf bereits in entsprechendem Abstand mit Verlangsamung durch den Trippelschritt, der Leinenbremse und anschließendem Stehenbleiben. Nur ruhiges Verhalten wird deutlich gelobt.
— Leinen Sie Ihren Hund erst dann ab, wenn er ruhig vor Ihnen sitzt und Sie auf Ihr Aufmerksamkeitssignal hin anschaut. Als Belohnung für sein ruhiges Verhalten und seine Aufmerksamkeit Ihnen gegenüber, geben Sie ihn durch die Kontaktende-Geste frei zum Toben mit dem Artgenossen.
— Lassen Sie Ihren Hund öfter die Erfahrung machen, dem Umhertoben anderer auch einmal zuzusehen. Das erhöht seine Frustrationstoleranz.

Haben Hunde gelernt, bei Hundebegegnungen ruhig in der Sitz-Position zu verharren ...

01 Erster Schritt: Rudolph bringt seinen Rüden auf Distanz ins „Warte im Sitz" und lässt ihn erst einmal in Ruhe die Szenerie verarbeiten, während er sich der Gruppe nähert.

Übung: Hundebegegnung bewusst herbeiführen

Initiieren Sie eine Hundebegegnung mit einem anderen Hundebesitzer:

— Beide Hunde sind angeleint. Gehen Sie aufeinander zu und bringen Sie Ihre Hunde in ein bis zwei Metern Abstand zueinander über Leinensignal und Körpergeste ruhig ins „Sitz".
— Sprechen Sie Ihr Gegenüber an und begrüßen Sie dieses mit Handschlag.
— Wird einer der Hunde aufdringlich, hat sein Besitzer das zu verhindern, indem er seinen Hund wieder ins „Sitz" bringt.
— Verhalten sich die Hunde eine gewisse Zeit ruhig, verabschieden Sie sich wieder voneinander und gehen jeweils mit einem deutlichen „Wir gehen los"-Körpersignal in unterschiedlichen Richtungen davon.
— Erhöhen Sie den Schwierigkeitsgrad der Übung, indem zunächst einer der beiden Hunde unangeleint bei Fuß geht und später beide Hunde bei der Begegnung und Begrüßung unangeleint sind.
— Klappt das mit Ihnen bekannten Hundebesitzern und deren Hunden, können Sie das Gelernte auch bei Begegnungen mit fremden Hunden umsetzen. So wird diese Vorgehensweise immer mehr zur Routine.

… ohne dass es zu direktem Beschnuppern kommt, wirkt sich das allgemein positiv auf Hundebegegnungen aus.

02 Zweiter Schritt: Rudolph verweilt jetzt geraume Zeit bei der Gruppe, wobei er seinen Rüden nicht aus den Augen lässt, um gegebenenfalls augenblicklich korrigieren zu können.

03 Dritter Schritt: Nachdem sein Hund sich die ganze Zeit ruhig und souverän verhalten hat, wird er angeleint und sein ruhiges Verhalten in unmittelbarer Nähe der Gruppe gefestigt.

Verhaltensregeln: Hundebegegnung mit einem frei laufenden, fremden Hund

Auf einem Spaziergang kommt es zu einer Hundebegegnung. Ihr Hund ist angeleint, der andere läuft frei auf Sie zu:

- Bitten Sie zunächst den Besitzer, seinen Hund zu sich zu rufen.
- Ist der Besitzer nicht in der Nähe, dann bringen Sie Ihren Hund ins „Sitz" und versuchen Sie den fremden Hund durch deutliche Gestik abzublocken und ihn wegzuschicken, jedoch so, dass dieser sich dadurch nicht angegriffen fühlt.
- Lässt der Hund sich nicht wegschicken, kann Futter eine gute Hilfe sein. Werfen Sie eine Handvoll Futter in seine Richtung. Das wird wahrscheinlich sein Interesse an Ihnen umlenken. Während er jetzt mit Fressen beschäftigt ist, können Sie sich mit ruhigen Schritten entfernen und dadurch die Situation entschärfen.

FÜHRUNGSSTIL UND LEINENKONZEPT HELFEN

Hunde an der Leine neigen allgemein dazu, bei Begegnungen mit fremden Personen oder Artgenossen ab und an ihre Selbstbeherrschung zu verlieren. Hier greift mein Leinenkonzept im Zusammenspiel mit durchdachtem Führungsstil.

ERFAHRUNGSRÄUME BEWUSST GESTALTEN

Nehmen Sie bewusst Einfluss auf alle Erfahrungen, die Ihr Hund an der Leine macht. Denn angeleint ist sein Handlungsspielraum deutlich eingeschränkt. Ein angeleinter Hund braucht den Schutz seines Menschen. Dieser muss sein Bodyguard sein, ihm gewissermaßen Geleitschutz zusagen. Dieser Geleitschutz ist ein wichtiger Aspekt in der Hund-Halter-Beziehung. Macht Ihr Hund die Erfahrung, dass er Ihnen vertrauen kann, auch wenn er aufgrund der Leine nicht ausweichen, fliehen oder sich frei artikulieren kann, dann gibt es auch keinen Grund für ihn, ängstlich oder aggressiv auf sein Umfeld zu reagieren.
Sie tragen den Hauptanteil daran, ob Ihr Hund sich an der Leine behütet oder ausgeliefert fühlt.

BEDRÄNGEN GIBT ES NICHT

Achten Sie darauf, dass Ihr Hund nicht von anderen Hunden bedrängt wird, wenn er sich in Ihrer Obhut (= an der Leine) befindet. Verhindern Sie, wenn möglich, eine unkontrolliert ablaufende Kontaktaufnahme mit Artgenossen. Liefern Sie ihn nicht der Willkür einer wie auch immer gearteten Begegnungsdynamik aus, denn sonst macht Ihr Hund unter Umständen genau die schlechte Erfahrung, die dann präventive Leinenaggression zur Folge haben kann.

Übernehmen Sie selbstbewusst die Kontrolle und damit die Verantwortung und halten Sie aufdringliche oder aggressive Hunde, wenn irgend möglich, auf Distanz.

DIE VERANTWORTUNG NICHT AUF DEN HUND ÜBERTRAGEN

Ich kann es nicht oft genug wiederholen: Das immer noch vielfach empfohlene Ableinen beim Herannahen fremder Hunde, damit die Hunde „es unter sich ausmachen können", zwingt viele Hunde dazu, ganz allein auf sich selbst gestellt die Situation meistern zu müs-

01

sen. Damit klinkt der Hundebesitzer sich aus dem Geschehen aus und schickt seinen Hund möglicherweise unbewusst in einen „Kampf". Unter Umständen findet hier die Grundsteinlegung dafür statt, dass der Hund bereits bei der nächsten Begegnung mit einem anderen Hund ein Ableinen einfordert, um so die Situation allein regeln zu können. Es liegt an Ihnen, hier selbstbewusst aufzutreten. Dabei hilft es Ihnen, wenn Sie ein abrufbares Regelwerk bezüglich Hundebegegnungen an der Leine einstudiert haben.

KONFLIKTE VERMEIDEN DURCH HÖFLICHES AUSWEICHEN

Bewegt man sich mit seinem Hund in der Öffentlichkeit, kann es zu konfliktträchtigen Begegnungen mit Radfahrern, Spaziergängern und anderen Hundehaltern und deren Hunden kommen. Solche Konflikte lassen sich bereits im Vorfeld vermeiden oder zumindest entschärfen, wenn man dem jeweils anderen mit Respekt begegnet, seinen Hund anleint oder nah bei sich hält und gegebenfalls höflich zur Seite ausweicht. Diese Rücksichtnahme wirft allgemein ein gutes Licht auf Hundebesitzer.

AUCH HUNDE KÖNNEN HÖFLICH AUSWEICHEN

Wie können Sie erreichen, dass Ihr Hund Artgenossen und/oder Personen gelassen passieren lässt? Lehren Sie ihn, diesen auszuweichen. Denn hat er erst einmal gelernt auszuweichen, fällt es ihm auch leichter, unbekümmert an anderen vorbeizulaufen.

02

03

01 Regelt der Mensch die Begegnungen, kann der Hund entspannt bleiben.

02 Auf engen Pfaden ist höfliches Ausweichen ein Muss und wird immer wohlwollend honoriert.

03 Auch auf breiten Wegen gebietet es die Höflichkeit, seinen Hund nah bei sich zu halten.

STIMMUNGSÜBERTRAGUNG UND NACHAHMUNGSLERNEN NUTZEN

Es entspricht dem Wesen eines Hundes, sich am Verhalten des Sozialpartners zu orientieren, sich von dessen Stimmung anstecken zu lassen und dessen Verhalten nachzuahmen. Nutzen Sie diese Mechanismen. Geben Sie ein Verhaltensmuster für solche Begegnungen vor und studieren Sie das mit Ihrem Hund unter Zuhilfenahme der Leine ein.

Kommt es zu Begegnungen, weichen Sie höflich bis zum Wegrand aus. Ist der Weg zu schmal, können Sie diesen auch ganz verlassen. Setzen Sie wortlos und ohne Eile Ihren Weg fort und schenken Sie Ihrem Hund dabei keine Beachtung. Nur so kann Ihre zur Schau getragene Souveränität auf ihn übergehen und Ruhe und Gelassenheit bei ihm bewirken.

Gelernt ist gelernt. Hier löst die Sitz-Position wirklich Ruhe aus.

BEGEGNUNGEN MIT FREMDEN PERSONEN: SITZ-GESTE UND SCHAU

Rechtzeitig, bevor eine fremde Person in Ihre Nähe kommt, leiten Sie ein Stehenbleiben über den Trippelschritt und/oder die Leinenbremse ein und bringen den Hund über Geste und/oder Körpersignal ins „Sitz". Dann motivieren Sie ihn mit einem „Schau" dazu, Sie anzusehen. Auf diese Weise lenken Sie seine Aufmerksamkeit weg von der fremden Person und hin zu Ihnen. Die Leine bleibt dabei wenn möglich Nebensache.

Damit Ihr Hund noch besser aus der Spannung kommen kann, nehmen Sie zu der mittlerweile herangekommenen Person kurzen Kontakt auf, indem Sie diese freundlich grüßen. Erst wenn der Fremde Sie passiert hat, geht es mit dem auffordernden „Wir gehen los"-Signal weiter.

LEINENSITZSIGNAL UND SCHAU

Ist die Spannung des Hundes bei solchen Begegnungen sehr hoch, bringen Sie ihn zusätzlich zu Ihren Körpergesten über das Leinensitzsignal an Ihrer Seite ins „Sitz" und nehmen bereits auf größere Distanz Kontakt mit der sich nähernden Person auf. Ein freundliches „Hallo" oder „Guten Tag" genügt dabei schon. Bleiben Sie dabei ruhig und entspannt.

ÜBER LEINENSITZSIGNAL BEUGEN

Will der Hund immer wieder aus dem Sitz aufstehen, reagieren Sie schon im Ansatz seines Aufstehens, indem Sie ganz sanft die Leine nach oben ziehen und diese so lange auf Spannung halten, bis er nachgibt und sich wieder hinsetzt. Mithilfe dieses deutlichen Leinensitzsignals (das er bereits als Signalverstärker kennt) geben Sie dem Hund emotionslos und ruhig die richtige Hilfestellung, damit er mit der Situation zurechtkommen kann. Im Lauf der Zeit können Sie Ihr Beugen wieder weglassen.

Wichtig: Belohnen Sie das Nachgeben des Hundes augenblicklich durch eine entspannte und locker durchhängende Leine.

BLEIB 3 ALS ALTERNATIVE ZUR SITZ-POSITION

Als Alternative können Sie Ihren Hund auch ins Bleib 3 (siehe S. 171) ablegen und ihn aus diesem sicheren Grünen Bereich zuschauen lassen, wenn Sie sich der vermeintlich gefährlichen Person nähern. Nachdem Sie den Fremden freundlich begrüßt und ihm kurz den Sachverhalt geschildert haben, gehen Sie wieder zurück zum Hund. Wenn möglich, geben Sie der fremden Person kurz die Hand. So haben Sie die Chance, fremde Geruchsspuren zum Hund zurückzutragen und ihn aus der Hand, an der diese Geruchsspuren noch haften, zu füttern. Er lernt, dass Sie den Erstkontakt zu fremden Personen aufnehmen und nicht er, und dass Spaziergänger nicht gefährlich sind, sondern Futter bedeuten.
Wenn der Spaziergänger einverstanden und sicher im Umgang mit Hunden ist, können Sie Ihrem Hund, wenn er ruhig auf Sie gewartet hat, als Belohnung eine freundliche Kontaktaufnahme ermöglichen, bei der ihm der Spaziergänger Futter anbieten kann. Dabei lernt Ihr Hund nebenbei, Sie als denjenigen zu akzeptieren, der das Umfeld strukturiert und organisiert.

Sitz-Position über die Leine bei Bewegungsreizen

Unter Zuhilfenahme der Leine und der Sitz-Position können Sie Ihren Hund dazu erziehen, allem, was sich in seinem Sichtbereich bewegt, mit Ruhe zu begegnen. Dazu nähern Sie sich mit ausreichendem Sicherheitsabstand einem der Orte, der die speziellen Bewegungsreize bietet, auf die Ihr Hund im Allgemeinen reagiert. Beispielsweise ein stark frequentierter Fahrradweg, an dem er mit Radfahrern konfrontiert wird (siehe Foto links S. 140)

Das Einfordern von Blickkontakt lässt Franzl die ballspielenden Kinder vergessen.

So wird's gemacht: Bringen Sie Ihren Hund über die Sitz-Geste und das Leinensitzsignal ruhig und sanft ins „Sitz“. Sehen Sie sich zusammen das Treiben an und bleiben Sie so lange dort stehen, bis der Hund sich beruhigt hat und entspannt neben Ihnen sitzen bleibt. Richtet Ihr Hund dabei seinen Blick auf Sie, können Sie das durch ein leises „So bist du brav“ oder ein Leckerli bestätigen. Jedes andere Verhalten (zum Beispiel Aufstehen, Nachvorne-Ziehen) wird kommentarlos und ohne ihn durch Ausschimpfen zu konfrontieren, nur mittels eines ihn beugenden Leinensitzsignals sanft, aber bestimmt unterbunden.

Wichtig: Setzen Sie Ihren Hund vermehrt Reizlagen wie Joggern, Radfahrern oder Reitern aus. So wird er alles, was für ihn einen auslösenden Bewegungsreiz darstellt, an der Leine aus ruhiger Position heraus beobachten und einordnen lernen. Die Distanz zu diesen Reizen wird nach und nach verringert.

WAS TUN BEI LEINENAGGRESSION?

Die meisten Verhaltensauffälligkeiten eines Hundes an der Leine lassen sich über den kommunikativen Einsatz der Leine lösen. Dazu muss der Hund an der Leine Nachgiebigkeit zeigen und sich auf Ihr Geheiß hin zurücknehmen.

Zeigt ein Hund an der Leine aggressives Verhalten, scheint dieser oft nicht mehr ansprechbar. In den meisten Fällen ist es jedoch eher so, dass der Hund mit den hilflos und chaotisch wirkenden Signalen seines Menschen nichts anzufangen weiß und diese deshalb als Signale mit Signalinformation ausklammert. Was er dabei nicht ausklammert ist die hektische und hysterisch anmutende Stimmung seines Menschen. Diese springt auf ihn über und verschlimmert das Ganze. Zeit für eine ritualisierte Übereinkunft bleibt da nicht mehr.
Brüllen und An-der-Leine-Reißen führen nicht zu einem vertrauensvollen Dialog, sondern nur dazu, dass der Hund sich verunsichert fühlt, weil sein Mensch ihm nicht zur Seite steht, sondern ihm sogar in den Rücken fällt. Der Hund hat jetzt zwei Gegner, die ihm gefährlich scheinen und bei ihm eventuell sogar ein Gefühl von Ausgeliefertsein erzeugen. Ließ der Halter darüber hinaus nie einen deutlichen Führungsanspruch erkennen, kann es jetzt passieren, dass der Hund sich sogar gegen seinen Halter richtet, damit dieser sich aus dem Geschehen heraushält.

NACHGIEBIGKEIT ALS STRATEGIE

Ein Hund, der gelernt hat nachzugeben, sich zurückzunehmen und auszuweichen, ist insgesamt sozialverträglicher und lässt sich auch in spannungsreichen Situationen leichter führen. Er vertraut darauf, dass er durch die Veränderung seines eigenen Verhaltens (sich zurücknehmen) eine Veränderung des Verhaltens im Gegenüber (sich ebenfalls zurücknehmen) bewirken kann.

Nachgiebigkeit ist hündisch

Ob Konflikte unter Hunden ritualisiert geklärt werden oder in Beschädigungsbeißen münden, ist teilweise davon abhängig, ob die Kontrahenten gelernt haben, sich zurückzunehmen und auf das Sich-Zurücknehmen des Konkurrenten ebenfalls mit Nachgeben reagieren. Solche Verhaltensweisen werden natürlicherweise im Rahmen von Interaktionsspielmustern (siehe S. 20) zwischen ausreichend sozialisierten Hunden einstudiert und immer wieder abgerufen. Da der Hund aber den größten Teil seiner Zeit mit uns Menschen verbringt, muss dieser die Muster mit ihm einüben, festigen und abrufbar machen. Das funktioniert am einfachsten über binäre Kommunikation. Befindet sich der Hund an der Leine, wird diese zunächst als Signalhilfsmittel zur Unterstützung gezeigter Körpersignale eingesetzt. Nur wenn der Hund diese Signalebene nicht annehmen will oder kann, weil er sich so in Rage befindet, wird ausschließlich über die Leine solange binär auf ihn eingewirkt, bis er sich wieder ansprechbar zeigt und sich seinem Menschen zuwendet.

Wie und wo beginnen?

Als Erstes vermitteln Sie Ihrem Hund der Reihe nach alle im Buch bisher beschriebenen Gesten sowie Körper- und Leinensignale und diese sinnvollerweise zuerst in ablenkungsarmer Umgebung. Klappt das zufriedenstellend, dann erhöhen Sie die Ablenkungsfaktoren und bieten ihm Reizlagen, die denen nahekommen, wenn Sie mit Ihrem Hund unterwegs sind. Üben Sie dazu mit Gleichgesinnten und wenn nötig unter Anleitung eines nachweislich professionellen Trainers. Wichtig dabei ist, dass hier im Vorfeld eine klare Herangehensweise besprochen wurde und sichergestellt ist, dass mindestens eine Person alle daran beteiligten Hunde wirklich verlässlich kontrollieren kann, um einen geregelten Ablauf des Geschehens zu garantieren.

Nachgeben lernen

Bieten Sie Ihrem Hund eine entsprechende Reizlage, die es zu meistern gilt, und versuchen Sie ihn, am besten noch bevor er überdreht oder aggressiv in die Leine springt, über Sitz-Geste und Leinensitzsignal, das Sie wort- und emotionslos über sanftes Nach-oben-Ziehen der Leine ausführen, ins „Sitz" zu motivieren. Das kennt er bereits aus stressfreien Situationen, in denen die Leine lediglich als Signalverstärker benutzt wurde. Sollte er jetzt nicht entsprechend darauf reagieren, erhöhen Sie den Zug, den Sie an der Leine ausüben. Dieser sollte jetzt so stark sein, dass der Hund ihn als deutlich unangenehm empfindet, jedoch nicht so übermäßig, dass er dabei den Boden mit den Vorderpfoten nicht mehr berühren kann und ihm dadurch Schmerzen zugefügt werden oder er Schaden nehmen könnte.

Jetzt halten Sie die Leine auf Zug und warten ab, dass er darauf reagiert. Der Hund wird sich nun damit beschäftigen, dem unangenehmen Zug am Halsband etwas entgegenzusetzen. Damit rückt das Umfeld in den Hintergrund und es kommt bei ihm zu einer Parallelverarbeitung von mehreren Reizen: Dem taktilen Reiz am Hals und den visuellen Reizen aus dem Umfeld.

Hat der Mensch keine mentale Kontrolle über den angeleinten Hund, kann dieser freilaufend schnell zur Gefahr für sein Umfeld werden.

01 Ruhig und emotionslos wird der Hund über das Leinensignal ins „Sitz" gebracht.

02 Die lockere Leine signalisiert: „So ist es richtig."

Die Ruheübung zahlt sich aus

Jetzt zahlt es sich aus, wenn Sie bisher konsequent die Ruheübung mit ihm praktiziert haben. Über diese hatte er gelernt, dass es keinen Sinn macht, gegen eine Freiraumbegrenzung durch die Leine anzukämpfen. Nun ist es für ihn sicher kein Problem mehr, die einzig richtige Lösung zu finden, nämlich einzulenken, nachzugeben und sich hinzusetzen. Da Sie zeitgleich die Leine lockerlassen, signalisieren Sie Ihrem Hund deutlich: „Gut gemacht, das war es was ich wollte". Die jetzt einkehrende Ruhe gestattet Ihnen, seine Aufmerksamkeit wieder auf Ihre Gesten zu lenken und souverän Ihren Weg fortzusetzen, oder Ihren Fuß auf die Leine zu stellen und ihm eine Auszeit zu geben, damit er das soeben Erlebte verarbeiten und abspeichern kann.

BINÄRES LEINENSITZSIGNAL

Bei der Freiraumbegrenzung über die Leine lernt der Hund, dass er Stressoren unter leichter Stresseinwirkung (was die Lernfähigkeit steigert) aktiv verarbeiten kann.

03 Das „Wir gehen los"-Körpersignal und das Schnalzen motivieren den Hund an lockerer Leine zu folgen, obwohl der vermeintliche „Feind" noch da ist.

Wenn der Hund nicht zur Ruhe kommt

Gerät Ihr Hund erneut in Spannung und steht auf, ziehen Sie einfach die Leine wieder sanft bestimmend nach oben. Das setzen Sie so lange fort, bis er einlenkt, nachgibt und dadurch Ihr Durchsetzungsvermögen auch unter solchen Begebenheiten nicht mehr infrage stellt.

Achten Sie bitte immer darauf, dass die Verwendung der Leine als Nebensache nicht in den Hintergrund rückt, nur weil es einfacher und bequemer erscheint, den Hund über die Leine zu kontrollieren.

Viele Leinenprobleme entstehen auch durch unvernünftige Hundeführung.

☞ AGGRESSION AN DER LEINE ABBAUEN

ZUERST DIE SITUATION ANALYSIEREN

- Wann begann die Aggression an der Leine (wie z. B. schlechte Erfahrungen, Stress)?
- Wie zeigte sie sich?
- Wie wurde darauf reagiert (Aggression von Seiten des Besitzers, wie z. B. Ausschimpfen, Leinenruck, starke Einengung durch sehr kurze Leine, Beruhigungsversuche, Ablenkung durch Spielzeug, Verwendung von Hilfsmitteln, Ausweichen, Hund von der Leine lassen)?

DER NEUBEGINN

- Ruhe und Klarheit in den Umgang mit dem eigenen Hund bringen. Keine Aggression an der Leine (wie z. B. Leinenruck), keine Ablenkung durch Spielzeug, keine Beruhigungsversuche, kein Ausschimpfen, keine Hilfsmittel wie z. B. Halti, Korallenhalsband etc.
- Nachgiebigkeit lehren über die Leine: emotionslos, ruhig, sanft und bestimmend vorgehen.
- Eine Sicherheitszone an der Leine garantieren.
- Über eindeutige Leinen- und Körpersignale Grünen und Roten Bereich definieren
- Den Hund über die Ruheübung oder die Sitz-Position sich langsam steigernden Stressfaktoren aussetzen und Zeit geben, diese zu verarbeiten.
- Das wird so lange wiederholt, bis der Hund zur Ruhe kommt.
- Der Hund lernt bei der Ruhe- oder Sitzübung eine Parallelverarbeitung von Reizen. Er muss sich einerseits auf seinen Besitzer konzentrieren, während die Stressoren andererseits zum Nebenschauplatz werden.

Vorausschauende Hundeführung hilft Leinenaggression zu vermeiden.

PASSIVE KOMMUNIKATION

— *über die Leine*

DIE LEINE
— *als passives Signalhilfsmittel*

PASSIVER SITUATIONS-BEZOGENER LEINENEINSATZ

Wird die Leine als passives Signalelement mit symbolischem Bedeutungsinhalt verwendet, lässt sich beim Hund eine abrufbare Erwartungshaltung hervorrufen.

Es ist möglich, dem Hund über ein passives Leinensymbol eindeutig zu übermitteln, was die an ihn gerichtete Aufgabenstellung beinhaltet und was von ihm erwartet wird. Selbst die Konsequenz seines diesbezüglichen Handelns findet bei Verwendung des Leinensymbols Berücksichtigung. Kann er doch anhand gemachter Erfahrungen mit dem Leinensymbol sehr gut einschätzen, was ihn erwartet: Lob oder Tadel. Auch hier kommt, wie bei der aktiven Verwendung der Leine, sein Mitspracherecht zum Tragen.

ZWEI PASSIVE LEINENSYMBOLE

1. „Warte, es folgt eine Aufgabe" oder wie ich es nenne: „Bleib 2".
2. „Warte, bis ich dich wieder abhole" beziehungsweise „Bleib 3".

Beide Leinensymbole werden vom Hund schnell verstanden und verinnerlicht. Hier wird bewirkt, dass die Leine ein weiteres Mal als positives Bindeglied zwischen Mensch und Hund fungiert. Das Vertrauen in die Kommunikation mit dem Menschen wird gefestigt und damit die Beziehung gestärkt.

Warte, es folgt eine Aufgabe – Bleib 2

Bei meinem Leinenkonzept bedeutet die am Boden liegende Leine, dass von dieser Stelle aus eine Aufgabe folgt.

Die Symbolik von Bleib 2 wird dem sitzenden Hund durch eine vor ihm auf dem Boden abgelegte Leine übermittelt. Diese Symbolik versetzt ihn dann in einen aufmerksamen Erregungszustand, wenn er die Erfahrung machen konnte, dass jetzt so lange spannende Apportier- oder Suchaufgaben folgen, bis die Leine wieder aufgenommen wird. Hierbei lassen sich auch wichtige Mechanismen, die beim Hund dessen Selbstzügelung bewirken, in Gang setzen und festigen. Schnell wird er begreifen, dass ein Startzeichen nur dann erfolgt, wenn er zuvor ruhig im Sitz verweilte.

Warte, bis ich dich wieder abhole – Bleib 3

Dadurch, dass ein Gegenstand ablegt wird und die Leine am Halsband des Hundes angeklickt bleibt, kann man ihm einen klar definierten Zeitabschnitt kommunizieren. Zum Beispiel den Beginn und das Ende einer Verweildauer, währenddessen der Hund auf dem ihm zugewiesenen Platz warten soll (siehe S. 161).

Die Symbolik von Bleib 3 Ein am Hund abgelegter Gegenstand stellt sich für den Hund als Grüner Bereich dar. Zusammen mit der am Halsband angeklickten Leine signalisiert das dem Hund, dass er hier warten soll, bis er wieder abgeholt wird. Abermals wird dem Hund durch die verwendeten Utensilien signalisiert, was von ihm erwartet wird. Wenn er sich vom Gegenstand entfernt, verlässt er willentlich den Grünen Bereich und bewegt sich nun in der verbotenen Roten Zone. Außer-

Freudig gestimmt übernimmt Frauchen am Sammelplatz, der durch die Leine definiert wurde (Bleib 2), das Dummy.

dem zieht er die Leine hinter sich her. Auch das wird ihm augenscheinlich bewusst. Beides erinnert ihn also an die Konsequenzen eines solchen Handelns. Er nimmt dadurch in Kauf, getadelt zu werden. Deshalb wird er sich für das Warten entscheiden. Weiß er doch aus Erfahrung, dass ausschließlich die Rückkehr seines Menschen und das Aufnehmen des Gegenstands und der Leine ihm das Ende des Wartens anzeigt und Belohnung verspricht.

DER GRÜNE BEREICH BEI DER BLEIB-SYMBOLIK

Bleib 1: Der Grüne Bereich ist an Ihrer Seite. Der Hund bleibt solange im Grünen Bereich, bis Sie ihn durch ein Signal wieder freigeben.

Bleib 2: Die am Boden abgelegte Leine definiert den Grünen Bereich. Dort wartet der Hund, bis die Aufgabe beginnt. Von dort aus startet er und dorthin kommt er nach Erledigung der Aufgabe immer wieder zu Ihnen zurück und gibt – am gemeinsamen Sammelplatz – die Beute ab.

Bleib 3: Der abgelegte Gegenstand und die am Halsband angeklickte Leine codieren für den Grünen Bereich. Hier soll der Hund warten, bis Sie ihn wieder abholen.

☞ SYMBOLIK DER DREI BLEIB-BEREICHE

BLEIB 1 (OHNE LEINE)

Bei Bleib 1 verwenden Sie weder Leine noch Halsband. Beispiele: Sitz mit Abrufen bedeutet „Bleib, bis ich dich rufe“, Freifolge bei Fuß bedeutet „Bleib an meiner Seite“ oder „Warte, bis ich dich laufen lasse“ (siehe Foto 1).

BLEIB 2 (MIT LEINE)

Bei Bleib 2, „Warte, es folgt eine Aufgabe“, benutzen Sie die Leine als passives Signal mit Symbolcharakter. Sie signalisiert dem Hund, dass jetzt eine Aufgabe folgt und ermöglicht ihm, sich darauf einzustellen (siehe Foto 2). Er wird gern warten, ansonsten fällt das Apportieren aus. Als Symbol codiert die auf dem Boden abgelegte Leine:

1. Für den Ausgangspunkt, an dem der Hund zu warten hat, bis ein entsprechender Hinweis von Ihnen ihm gestattet zu apportieren.
2. Für den Treffpunkt oder Sammelplatz, an den er immer wieder mit den eingesammelten Dummys zurückkehrt, um seine Belohnung in Empfang zu nehmen.

BLEIB 3 (MIT HALSBAND, LEINE UND GEGENSTAND)

Bei Bleib 3, „Warte, bis ich dich abhole“, definieren Sie die für den Hund verständliche Symbolik über das angelegte Halsband mit angeklickter auf dem Boden liegender Leine und einem Gegenstand. Eine einfache Möglichkeit, dem Hund die Zeitspanne der Verweildauer zu vermitteln. Der Hund wird bei dieser Übung niemals abgerufen oder geschickt. Er wartet im sicheren Grünen Bereich vertrauensvoll und zuverlässig auf Sie, bis Sie ihn wieder abholen (siehe Foto 3). Den Grünen Bereich können Sie anfangs zusätzlich positiv verstärken, indem Sie immer wieder etwas Futter auf den Gegenstand legen.

01

02

03

WARTE, ES FOLGT EINE AUFGABE

— *Bleib 2*

BLEIB 2 HEISST KONZENTRIERT WARTEN

Bei „Bleib 2 – Warte im Sitz, es folgt eine Aufgabe" – benutzen Sie die Leine als passives Signal mit Symbolcharakter. Bleib 2 ist eine Erweiterung von Freiraumzone 1 in Freiraumzone 2.

Die Leine als passives Signal mit Symbolcharakter signalisiert dem Hund, dass jetzt eine Aufgabe folgt und ermöglicht ihm, sich darauf einzustellen. Als Symbol codiert die auf dem Boden abgelegte Leine für zwei Übereinkünfte. Erstens definiert die Leine den Ausgangspunkt, an dem der Hund zu warten hat, bis man ihm nach einem entsprechenden Signal gestattet zu apportieren. Zweitens definiert sie den Treffpunkt oder Sammelplatz, an den er immer wieder mit den eingesammelten Dummys zurückkehrt, um dann seine Belohnung in Empfang zu nehmen.

❷ BEGINN DER ÜBUNG

Sie bringen Ihren unangeleinten Hund ins „Sitz“ und markieren diesen Platz, indem Sie die Leine neben ihn auf den Boden legen. Dann entfernen Sie sich zwei bis drei Schritte vom Hund, zeigen dabei die Warte-Geste und legen einige Dummys nebeneinander ab. Bleibt er ruhig und beobachtend sitzen, gehen Sie zu ihm zurück und belohnen ihn zunächst für das ruhige Sitzenbleiben mit Futter. Macht Ihr Hund Anstalten, seinen Platz zu verlassen, setzen Sie wie im Kapitel Sitz-Exkurs beschrieben (siehe S. 65) Körpergesten und Binärsprache ein.
Die ausgelegten Dummys sammeln Sie als Einstieg der Reihe nach wieder ein. Dabei legen Sie jedes geholte Dummy an der Leine ab, und geben dem Hund jeweils ein Stück Futter, bevor Sie das nächste Dummy holen. Auf diese Weise rückt die Stelle, an der die Leine liegt, in den Fokus des Hundes. Schnell versteht er: Warten an dem Ort, an dem die Leine liegt, ist lohnenswerter als diesen Platz zu verlassen und dadurch den Unmut seines Menschen herauszufordern.
Als Nächstes erhöhen Sie schrittweise die Distanz zwischen Hund und Dummys. Entfernen Sie sich beim Auslegen der Dummys jedoch nur so weit, dass Sie den Hund noch gut über Ihre Gesten unter Kontrolle haben. Erst wenn er zuverlässig und möglichst entspannt im „Sitz“ wartet und zusieht, wie Sie sich entfernen und wieder zurückkommen, darf er weiter apportieren. Allerdings erst, nachdem er kurz Blickkontakt aufnimmt und Sie das Signal dazu geben. Mehr dazu in meinem Buch „Suchen und Apportieren“.

❷ RUHE UND AKTION IM WECHSELSPIEL

Sie initiieren ein Wechselspiel zwischen Ruhe und Spannung. Das heißt, Sie erzeugen Spannung im Hund durch Stimmungsübertragung, der Hund ist mit seiner ganzen Aufmerksamkeit bei Ihnen, und darf als Belohnung für sein ruhiges konzentriertes Warten auf Ihr Geheiß lossausen und apportieren.
Das funktioniert so: Der Hund ist im „Sitz“, die Leine am Boden signalisiert: „Jetzt kommt eine Aufgabe.“ Sie entfernen sich ein paar Schritte und geben dem Hund dabei über die Warte-Geste klar zu verstehen, dass

Die Geste zeigt deutlich „Warte“

Nachdem das Dummy abgelegt wurde, schickt Chris den Hund mit Richtungweisender Geste zum Apportieren.

er nicht folgen soll. Dann legen Sie ein Dummy ab und gehen zu ihm zurück. Nun bauen Sie Spannung bei ihm auf, indem Sie durch emotionalen Ausdruck in Ihrer Körpersprache signalisieren, dass Sie sich brennend für das Dummy interessieren und am liebsten gleich losrennen würden, um es zu suchen.

FREIRAUMZONE 2 – GEMEINSAME AKTIONEN IM SICHTBEREICH

Zur Erinnerung: Der Aufgabenbereich des Hundes wird auf denjenigen Sichtbereich beschränkt, in dem der Hund sich noch von Ihnen kontrollieren lässt. Die in Freiraumzone 2 stattfindenden gemeinsamen Aktionen dienen dem freudigen Herankommen, dem Kontakthalten und der allgemeinen Kontrolle des Hundes. Diese Aktionen sollten für den Hund so fesselnd sein, dass er von sich aus Ablenkungsreize ignoriert.

Gleichzeitig blocken Sie den Hund jedoch noch mit einer Hand, während die andere Hand und Ihr Körper schon in Richtung Dummy weisen. Erst wenn sich der Hund äußerst motiviert und interessiert zeigt, schicken Sie ihn mit Blick zum Dummy und einer dorthin weisenden Geste zum Apport. Hier ist wichtig, dass Ihre Körperspannung und Ihr Interesse am Dummy den Hund einerseits wirklich fesseln und die blockende Hand ihn andererseits ausreichend zügelt. Sie bewegen sich in einem Wechselspiel zwischen Spannen und Zügeln des Hundes. Das heißt, Sie spielen mit seinen Spannungszuständen, dabei ist er primär auf Sie konzentriert und saust nur darum zum Dummy, weil Sie diese Stimmung und Motivation in ihm erzeugt haben.

2 SPANNUNGSAUFBAU AUF DISTANZ

Der Spannungsaufbau auf Distanz bewirkt, dass die Aufmerksamkeit des Hundes verstärkt auf Sie gerichtet bleibt, obwohl sich parallel dazu noch interessante Dinge bieten.

In die Hocke gehen, warten, ...

... bis er mit dem Dummy herangekomen ist und dann mit Leckerchen tauschen.

Aufstehen und wieder ein Sitz über Körpersignal.

Der Hund lernt Ihren Kontrollanspruch anzuerkennen, weil ihm die in Aussicht gestellte Belohnung erst dann zuteil wird, nachdem er sich entsprechend an Ihnen orientiert hat.
So gehen Sie vor: Der Hund sitzt neben der Leine im Bleib 2. Sie entfernen sich mit dem Dummy und legen es gut 15 Meter entfernt vom Hund ab. Dann gehen Sie in Richtung Hund zurück, bleiben dabei jedoch auf halber Strecke stehen, erhöhen seine Spannung wieder über Körpergeste, um ihn dann losstarten zu lassen. Da Sie sich dabei zwischen Hund und Dummy befinden, können Sie ihn jetzt leicht blocken und zur Leine zurückschicken, wenn er versucht, selbstständig durchzustarten. Sollte es ihm dennoch gelingen, an Ihnen vorbeizulaufen, waren Sie in Ihrem Missmut nicht überzeugend genug. Arbeiten Sie bei nächster Gelegenheit an Ihrer diesbezüglichen Glaubwürdigkeit. Wenn Ihr Hund dabei auch noch das Dummy ergattert, könnte er unter Umständen auf die Idee kommen, dass er auch in anderen Situationen nicht auf Sie hören muss.

2 WARTEN IM SITZ MIT BEWEGUNGSREIZ

Werfen Sie für Ihren Hund sichtig mehrere Dummys. Achten Sie dabei darauf, dass Sie ihn durch Ihr Verhalten und die Bewegungsreize nicht zu sehr in Spannung versetzen. Sind alle Dummys geworfen, werden diese abwechselnd von Ihnen oder Ihrem Hund zum Ausgangspunkt an der Leine zurückgebracht. Mit der Zeit können Sie die Reizlage zusätzlich steigern, indem Sie „spannender" werfen. Auch beim Aufsammeln der Dummys entfernen Sie sich anfangs ruhig und gelassen, dann immer erregter und temperamentvoller. Ist der Hund an der Reihe, wird er von Ihnen erst dann losgeschickt, wenn er sich zuvor auf den Blickkontakt mit Ihnen konzentrieren ließ.
Der Hund kann hierbei lernen, Bewegungsreize auszuhalten. Das hilft zum Beispiel auch bei Ball spielenden Kindern, Radfahrern, Joggern etc. (siehe S. 141). Das kann auch sehr gut über Bleib 3 (siehe S. 174) geleistet werden.

GRUPPENÜBUNGEN FÜR ENTSPANNTES MITEINANDER

Durch gezielte Apportieraufgaben innerhalb einer Gruppe können Hunde lernen, sich unter Ablenkung besser auf ihre Menschen zu konzentrieren. Dadurch lassen sich Hundebegegnungen im Alltag besser meistern.

Gruppenübungen sind auch hilfreich, um bei Ihrem Hund eine Verbesserung hinsichtlich seines Gehorsams und seiner Führigkeit bewirken zu können. Da hier Teambildung im Vordergrund steht, wird das Zusammenspiel mit Ihrem Hund verfeinert. Er wird sich enger an Sie binden und Ihre Beziehung wird harmonischer. Spezielle Apportieraufgaben beispielsweise eignen sich hervorragend, um konkurrierendes Verhalten unter Hunden in wünschenswerte Bahnen zu lenken und damit Hundebegegnungen nachhaltig zu entschärfen. Aber auch Angsthasen können durch gezielt herbeigeführte, aber spezielle Apportierübungen positive Erfahrungen sammeln, zum Beispiel dass ihnen ihr Mensch unterstützend zur Seite steht. Als Ergebnis werden sie zukünftig ihrem Umfeld gegenüber selbstbewusster und damit stressfreier begegnen.

2 SIND WIR AUCH VIER – BLEIB ICH GEDANKLICH BEI DIR

Aufgabenstellung: Mehrere Hund-Mensch-Paare wirken mit. Die Hunde werden in einer Reihe nebeneinander ins „Sitz“ gebracht. Dabei erinnert die am Boden liegende Leine die Hunde daran, dass sie zunächst warten sollen. Sie bleiben dabei gedanklich bei ihren Menschen, apportieren erst auf Signal und das, ohne sich um den jeweils anderen zu kümmern.

VORPRESCHEN

Bei einem eventuellen Ausscheren eines Hundes aus der Reihe, muss dessen Vorpreschen rigoros über die Binärsprache reglementiert werden. Der apportierende Hund sollte dabei nicht in Bedrängnis kommen.

Übungsaufbau

Mehrere Hunde werden von ihren menschlichen Teampartnern in einer Reihe nebeneinander in zwei bis drei Metern Abstand ins „Sitz“ gebracht. Ausgangs- und Endpunkt für den Apport wird für jeden Hund durch die am Boden neben dem Hund liegende Leine definiert. Je nach Ausbildungsstand der Hunde legen die Hundebesitzer ihre Dummys jetzt entweder einzeln nacheinander oder alle gleichzeitig ca. zehn Meter von ihrem Hund entfernt aus. Dann kehren alle auf demselben Weg wieder zu ihrem im Sitz wartenden Hund zurück. So endet jede der Spuren in Form einer Sackgasse beim jeweiligen Dummy. Jetzt werden die Hunde einer nach dem anderen zum Apportieren geschickt. Läuft das problemlos ab, kann man die Hunde auch paarweise losschicken. Bei entsprechend sozialer Kompetenz der beteiligten Hunde schickt man sie als absoluten Höhepunkt dann alle zeitgleich los.

01

02

03

04

01 Zeitgleicher Apport mehrerer Hunde.

02–03 Sitzend oder liegend beobachten die Hunde während der Ruheübung souverän die Aktionen ihrer Artgenossen.

04 Mit freudiger Erregung reagiert der Malamut auf das Hörzeichen „Nimm".

DURCH DIESE HOHLE GASSE MUSS ER KOMMEN

Zwei Reihen Mensch-Hund-Gespanne stellen sich so auf, dass sich zwischen ihnen eine drei bis fünf Meter breite Gasse ergibt. Die Hunde jeder Reihe sitzen jeweils in einem Abstand von etwa zwei bis drei Metern zueinander. Beim ersten Durchgang und auch um den Ausbildungsstand und die Steadiness der einzelnen Hunde zu verifizieren, sitzen diese angeleint neben deren Halter. Hunde, die sich dabei unruhig zeigen und aufstehen, werden wortlos nur über das Leinensitzsignal wieder ins „Sitz" gebracht. Nachdem die Gasse gebildet wurde, lassen Sie Ihren Hund an einem Ende der Gasse im Bleib 2 warten und zusehen, wie Sie zunächst das Dummy durch die Gruppe tragen, es am anderen Ende der Gasse ablegen und wieder zu ihm zurückkommen. Jetzt erzeugen Sie wie immer eine Spannung bei Ihrem Hund und schicken ihn über die Richtungsweisende Geste zum Dummy-Apport. Dann ist der nächste Hund aus der Gruppe an der Reihe und Sie stellen sich auf dessen Platz.

So geht es weiter, bis alle einmal durch die Gasse apportiert haben. Wer sich der Steadiness seines Hundes sicher ist, kann diesen bei den weiteren Durchläufen bereits unangeleint neben sich im „Sitz" zusehen lassen.

Über solche Aufgabenstellungen lernen Hunde, sich mit ihrem Dummy zufriedenzugeben.

Wenn ihn der Mut verlässt

Es kann passieren, dass Ihr Hund mit dieser Aufgabe überfordert ist.
Sind Sie sich also nicht sicher, ob Ihr Hund sich traut, eingegrenzt von Artgenossen durch die Gasse zum Dummy und mit diesem im Fang wieder zurückzulaufen, dann legen Sie das Dummy anfangs nur einige Meter in die Gasse hinein. Hat er diese Aufgabe gemeistert, können Sie beim zweiten Versuch schon etwas mehr Mut bei ihm voraussetzen und ihm das Dummy ein Stück weiter in die Gasse legen. Meistert er auch das, wird er bestimmt beim dritten Mal bereits die gesamte Gasse durchlaufen.
Es kommt auch vor, dass ein Hund zwar durch die Gasse zum Dummy geht, aber mit diesem im Fang lieber außen herum zu Ihnen zurückläuft. Dadurch versucht er einen eventuellen Konkurrenzdruck im Vorfeld zu vermeiden. Denn das könnte von den anderen Hunden als Imponiertragen missverstanden werden. Hier kommen oft Gruppenorganisierende Verhaltensmuster (siehe S. 18) zum Vorschein.
Sie sehen, solche Übungen stellen zugleich Versuchsanordnungen dar, die gestatten, die Psyche der einzelnen Hunde besser zu erfassen. Dabei gewonnene Erkenntnisse können dann zielführend in bestehende Erziehungs- und Führungskonzepte einfließen und helfen, diese zu optimieren.

Reflektieren Sie Ihren Hund

Sich durch eine von Hunden gebildete Gasse zu bewegen, stellt für manchen Hund eine echte Herausforderung dar. Soll er dann auch noch ein Dummy an der Gruppe vorbeitragen, fühlt sich mancher überfordert. Bei diesen Übungen geht es vordergründig darum, dem Hund als Teampartner zur Seite zu stehen, damit er diese komplexe Aufgabenstellung meistern kann.
Zeigt sich Ihr Hund dabei gestresst, helfen Sie ihm! Motivieren Sie ihn erst einmal ganz ohne Apportierabsichten – entweder angeleint oder frei bei Fuß – mit Ihnen zusammen durch die Gasse hin- und wieder zurückzulaufen. Sie können natürlich das Dummy auch aufnehmen und Ihrem Hund am Ausgangspunkt noch mal zeigen. Gehen Sie dabei nicht auf seine Unsicherheit ein, sondern geben Sie sich unbefangen und freudig erregt. Spielen Sie ihm vor, dass es nichts Spannenderes für Sie gibt, als dieses Dummy in Händen zu halten. Stimmungsübertragung und schauspielerisches Talent sind angesagt.

2 AUFGABENSTELLUNG LEICHTER MACHEN

Als Nächstes sollten die Hunde ein Stück auseinanderrücken, damit die Gasse weiter wird. Vielleicht ist es auch nur ein bestimmter Hund, an dem Ihr Hund sich nicht traut, vorbeizulaufen. Versuchen Sie das einzuschätzen und veranlassen Sie gegebenenfalls, dass dieser Hund die Reihe verlässt. Beobachten Sie, ob sich das auf das Verhalten Ihres Hundes auswirkt.

Lassen Sie Ihren Hund im Sitz aufs Neue zusehen, wie Sie das Dummy in freudiger Erregung auslegen. Bevor Sie jetzt mit ihm durch die Gasse laufen, nehmen Sie ihn an die Leine. Das gibt ihm mehr Sicherheit. Nicht vergessen: Freudige Hochstimmung ist dabei angesagt. Stürzen Sie sich gemeinsam in Richtung Dummy, sodass er dabei das Umfeld vergisst. Auch wenn er das Dummy nicht aufnehmen sollte, hier steht die freudige Aktion und der Teamgeist im Vordergrund.

Auch Nachahmungslernen kann helfen

Es geht hier nicht um den Apport eines Dummys, sondern einzig darum, Ihren Hund so zu stabilisieren, dass er ähnliche Situationen selbstbewusster meistern kann. Hier können Sie auch die Fähigkeit Ihres Hundes zum Nachahmungslernen nutzen.

Der Übungsaufbau könnte wie folgt ablaufen: Sie stellen sich in die Reihe und lassen ihn einfach bei den anderen zusehen. Zu guter Letzt laufen Sie dann einfach gemeinsam durch die Gasse, nehmen das Dummy auf und lassen am anderen Ende ein gemeinsames Umhertoben als Belohnung für seinen Mut folgen.

PASSIVES SIGNAL MIT SYMBOLBEDEUTUNG

Die am Boden liegende Leine = Ruhe, Ausgangspunkt und Sammelplatz

Frauchen hat schnell das Dummy selbst geholt. Denn nicht das Apportieren steht im Vordergrund, sondern gemeinsam eine Aufgabe zu meistern.

WARTE, BIS ICH DICH ABHOLE

— *Bleib 3*

BLEIB 3 – MEHR ALS NUR WARTEN

Bleib 3 bedeutet für Ihren Hund an einem von Ihnen zugewiesenen Platz, den Sie durch das Ablegen eines Gegenstands für ihn kennzeichnen, so lange zu warten, bis Sie ihn wieder abholen.

1 BEDEUTUNG VON BLEIB 3

Bleib 3 entspricht in etwa dem Bleib 1, also der Freiraumzone 1, die für den Hund bedeutet, solange im Grünen Bereich, also an Ihrer Seite zu bleiben, bis Sie ihn durch ein Signal wieder frei geben. Bei Bleib 3 verkörpert der abgelegte Gegenstand den Grünen Bereich und ist damit stellvertretend für Ihre Person. Deshalb müssen Sie auch hier sicherstellen, dass Ihr Hund nicht unmittelbar belästigt werden kann und er sich, auch wenn Sie außer Sicht gehen, immer noch durch Sie ausreichend behütet fühlt.

Bleib 3 heißt: „Warte am Gegenstand"

Der Hund soll an einem festgelegten Platz, der durch einen abgelegten Gegenstand markiert wird, auf Ihre Rückkehr warten.

Keine Sitz- oder Platzübung

Bei der Bleib 3-Übung geht es nicht um eine Sitz- oder Platz-Übung, sondern ausschließlich darum, dass der Hund an einem von Ihnen festgelegten Platz (ich nenne ihn den Grünen Bereich) so lange wartet, bis er durch Sie wieder abgeholt wird. Das Besondere an Bleib 3 gegenüber einer allgemeinen Platz- und Bleib-Übung, innerhalb der der Hund liegend zu warten hat, besteht darin, dass der Hund bei Bleib 3 seiner Stimmungslage entsprechend kommunikativ auf das Umfeld reagieren darf. Hier ist es ihm gestattet, stehend, sitzend oder liegend darauf zu warten, bis er wieder abgeholt wird. Wichtig ist allein, dass er diesen von Ihnen zugewiesenen Grünen Bereich nicht verlässt und in den verbotenen und damit Roten Bereich wechselt.

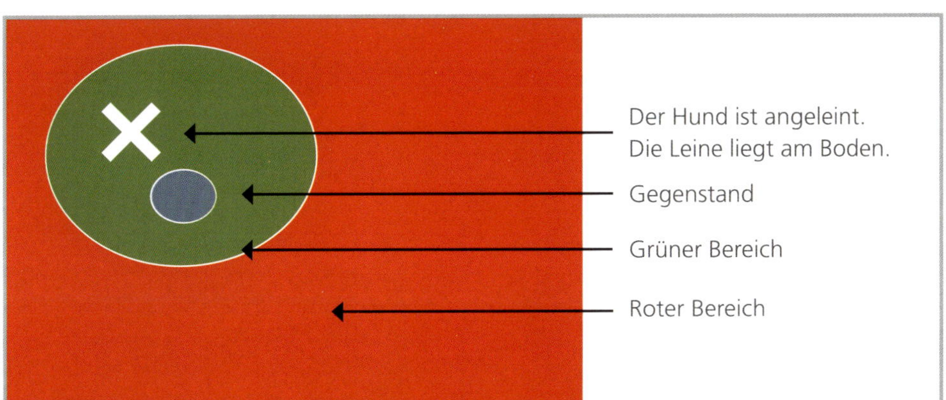

Grüner und Roter Bereich von „Bleib 3"

Den Grünen Bereich über Symbole verdeutlichen

Im Zusammenhang mit der Bleib-3-Übung hat es sich als vorteilhaft erwiesen, den Grünen Bereich für den Hund dadurch zu verdeutlichen, dass man einen Gegenstand ablegt (Jacke, Hut, Decke, Rucksack o. ä.) und die am Halsband angeklickte Leine auf oder neben den Gegenstand zu Boden fallen lässt, als Symbol für Ruhe. Das kennt der Hund mittlerweile schon durch die Ruheübung.

Wichtig: Der Grüne Bereich erstreckt sich eine volle Leinenlänge rund um diesen Gegenstand.

01 Über Bleib 3 lernt der Hund entspannt das Umfeld zu beobachten und darauf zu verzichten, aktiv zu werden.

Symbolik zeigt Zeitspanne der Verweildauer

Über diese Symbolik lässt sich dem Hund die Verweildauer vermitteln. Der abgelegte Gegenstand und die am Boden liegende Leine werden beim Abholen wieder aufgehoben und mitgenommen. Damit löst man deren symbolische Bedeutung auf.

Symbolik oder Korrekturhilfsmittel

Der Hund trägt im Bleib 3 immer das Halsband mit angeklickter Leine. Einerseits fungiert die Leine als ein passives Signal, andererseits können Sie den Hund, falls notwendig, mithilfe der Leine korrigieren, ohne ihn dabei direkt konfrontieren zu müssen.

Der Grüne Bereich ist stressfreie Zone

Ihr Hund wird den Grünen Bereich schnell annehmen, wenn sich das Verweilen dort für ihn als lohnenswert darstellt. Damit dem so ist, bringen Sie bei jeder Rückkehr entweder Futter mit oder Sie lassen spannende Aktio-

Die Symbolik „Gegenstand plus Leine" definiert den Grünen Bereich von Bleib 3. Das Halsband ist angelegt, die Leine ist am Halsband angeklickt und liegt auf dem Boden. Der Gegenstand liegt bei der Leine. Ein paar Stangen verdeutlichen hier für den Hund und den Hundehalter, wo der Grüne und wo der Rote Bereich ist.

02 Wenn man nicht aktiv teilnehmen darf, kann man auch entspannt schlafen.

nen folgen. Zudem soll er sich hier behütet und sicher fühlen. Es soll für ihn möglich sein, ruhig und gelassen auf Ihre Rückkehr zu warten. Dafür haben Sie Sorge zu tragen.
Halten Sie Unangenehmes von ihm fern und schreiten Sie immer rechtzeitig ein, damit ihn Hunde oder auch Menschen nicht belästigen können. Schließlich soll er lernen, dem Geschehen um ihn herum mit Gleichgültigkeit zu begegnen.

Der Rote Bereich verheißt nichts Gutes

Der Rote Bereich umfasst das komplette Gebiet außerhalb des Grünen Bereichs. Sich aus dem Grünen Bereich zu entfernen und im Roten Bereich aufzuhalten ist nicht in Ordnung und muss für den Hund unangenehme Folgen haben. Dazu findet binärsprachlich eine Zurechtweisung des Hundes mittels Unmutslauten und Gesten sowie über die Leine statt.

Der Hund hat die Wahl

Sorgen Sie für eine deutliche Unterscheidbarkeit zwischen dem Roten und Grünen Bereich, damit Ihr Hund die Wahlmöglichkeit hat, sich Stress einzuhandeln oder sich in Ruhe entspannen zu können.

Die Symbolik hilft ihm, sich zu entscheiden

Wenn Sie bei Bleib 3 konsequent vorgehen, festigt sich die Symbolik von Gegenstand und Leine und hilft Ihrem Hund dabei, die richtige Entscheidung zu treffen. Gesetzt den Fall, er verlässt einmal den Platz, weil er das Warten vergisst, dann bleibt der Gegenstand liegen und zudem zieht er nebenbei auch noch die Leine hinter sich her. Das wird er wahrnehmen und sich erinnern, welche Konsequenzen ein solches Verhalten bisher nach sich zog.
Seine Fähigkeit, symbolische Hinweise zu verstehen und sich die einzelnen Übereinkünfte während des Aufbaus von Bleib 3 in Erinnerung zu rufen, eröffnet ihm die Möglichkeit, sich jetzt selbst zu zügeln. Er wird sich für das Warten entscheiden. So kann er bereits im Vorfeld aus eigener Überlegung heraus eine im Raum stehende Reglementierung ausschließen und somit entspannt auf Ihr Zurückkommen warten.

Wichtig: Grüne und Rote Bereiche müssen ebenso wie die binären Stimmungen „Ja" und „Nein" immer klar definiert sein.

PRAKTISCHE HERANGEHENSWEISE

Da Sie hier auf bereits bestehende Signalübereinkünfte zugreifen können, dürfte es für Sie ein Leichtes sein, Ihrem Hund das Bleib 3 in kürzester Zeit beizubringen. Dazu müssen Sie nur die neue Symbolik mit den bestehenden Signalen kombinieren.

ÜBER DIE RUHEÜBUNG ZUM BLEIB 3

In einen von Ihnen gewählten Grünen Bereich legen Sie einen Gegenstand (neues Symbol für „Warte, bis ich dich wieder abhole"), zum Beispiel ein kleines Handtuch, neben Ihren angeleinten Hund und lassen die am Halsband angeklickte Leine (bekanntes Symbol aus der Ruheübung, siehe S. 93) auf den Boden fallen. Stellen Sie wie bei der Ruheübung Ihren Fuß auf die Leine. Dann bleiben Sie entspannt bei ihm stehen und warten, bis er zur Ruhe gekommen ist. Wenn Sie sich jetzt von ihm entfernen, gehen Sie ähnlich vor wie beim Warten im Sitz (siehe S. 69), nur mit dem Unterschied, dass er sich jetzt nicht hinsetzen muss, sondern es ihm überlassen bleibt, ob er sitzend, stehend oder liegend warten will. Richten Sie Ihren Fokus allein darauf, dass er wartet, während Sie sich entfernen.

01 Gegenstand und Leine symbolisieren Bleib.

02 Die Warte-Geste verdeutlicht die Symbo

HILFE DURCH EINSATZ DES FUTTERNAPFS

Als Einstieg können Sie zusätzlich den Futternapf auf dem Gegenstand abstellen. Auch das kennt Ihr Hund bereits von der Blickkontakt-Übung (siehe S. 46) und den Aktionen beim Warten im Sitz (siehe S. 69).

ÜBUNG AUFBAUEN

Sie drehen sich mehrmals mit der deutlichen Warte-Geste von Ihrem Hund weg, dann wieder zu ihm hin. Dabei legen Sie ihm jedes Mal ein Leckerchen in den Napf. Nach einigen Wiederholungen entfernen Sie sich bereits einen Schritt, gehen gleich wieder zu ihm zurück und belohnen ihn. Nach und nach entfernen Sie sich kontinuierlich Schritt für Schritt und belohnen ihn nach wie vor bei jedem Zurückkommen.

Üben Sie das in kleinen Sequenzen und öfter über den Tag verteilt. Belohnen Sie ihn dabei für das Verweilen am Gegenstand, entweder aus der Hand oder Sie legen das Leckerchen auf den Gegenstand. So können Sie die Futterschüssel bald wieder weglassen.

03 Leckerchen verdeutlichen den Grünen Bereich.

INTENSITÄT

Achten Sie beim Wechsel zwischen positiven und negativen Körpersignalen auf deren Intensität und darauf, dass Sie Ihrem Hund entsprechen und sensibel und differenziert zum Einsatz kommen.

DEUTLICHE KÖRPERSIGNALE „POSITIV" UND „NEGATIV"

Will der Hund Ihnen nachlaufen, sobald Sie sich von ihm entfernen, dann vermitteln Sie ihm möglichst schon im Ansatz durch die ermahnende Stopp-Geste (siehe S. 71), dass das nicht erwünscht ist. Zeigen Sie diese dabei gleichermaßen wie beim Warten im Sitz: Weder so übertrieben, dass der Hund sich sehr bedrängt fühlt und zu Flucht oder extremer Unterwürfigkeit veranlasst wird, aber auch nicht so schwach, dass er Sie nicht ernst nimmt, weil es ihn in keiner Weise beeindruckt.

Stoppt der Hund als Reaktion auf Ihre Stopp-Geste, entspannen Sie sich augenblicklich wieder, um ihn darin zu bestärken, dass seine Entscheidung richtig war. Dann entfernen Sie sich erneut mit deutlicher Warte-Geste.

LAUTSIGNALE „JA" UND „NEIN"

Sie können Ihr binäres körperliches Reglementieren des Hundes mit einem jeweils dazu passenden Laut kombinieren, um dem Hund noch deutlicher zu „sagen", was Sie von ihm erwarten. Einem missmutigen „Nein" oder „Stopp" zu Ihrer Stopp-Geste lassen Sie dann unverzüglich ein freundliches „Ja", kombiniert mit einem Entspannen Ihres Körpers, folgen.

Nach wenigen Wiederholungen sollte es Ihnen bereits gelingen, auch verbal auf Distanz durch „Ja" und „Nein" steuernd auf Ihren Hund einzuwirken und ihn daran zu hindern, den Grünen Bereich zu verlassen, selbst wenn er nicht in Ihre Richtung schaut. Die verbale Korrektur hilft Ihnen auch in anderen Bereichen.

Während Anton am Hund vorbeiläuft, zügelt er diesen über die Warte-Geste.

BEIM ZURÜCKKOMMEN DAS TEMPERAMENT DES HUNDES BERÜCKSICHTIGEN

Passen Sie beim Zurückkommen zum wartenden Hund Ihr Lob an sein Temperament an. Denn das Ziel ist ein ruhiges und entspanntes Verbleiben auf dem als Grünen Bereich definierten Platz. Handelt es sich um einen quirligen Hund, loben Sie nur sehr gedämpft und ruhig, damit Sie ihn nicht zu erhöhter Aktivität anspornen und er dadurch den Grünen Bereich vorzeitig verlässt. Auch ein Liebkosen ist hier nicht erforderlich. Je ruhiger und ausgeglichener Sie auf Ihren Hund zugehen, desto ruhiger und sicherer wird er an dem Platz, an dem er auf Sie wartet, verharren und darauf achten, was Sie als Nächstes tun.

Da sich Ihr Hund an der Leine befindet, die neben ihm am Boden liegt, ist es beim Auflösen des Bleib 3 anfangs hilfreich, einfach einen Fuß auf diese zu stellen, um dadurch sein plötzliches Davonrennen ohne Freigabesignal zu vermeiden.

Nach einer kurzen Pause nehmen Sie Leine und Gegenstand vom Boden auf und gehen mit einem deutlichen „Wir gehen los"-Körpersignal los, eventuell unterstützt durch ein leises Schnalzen mit der Zunge. Nachdem Sie ein paar Schritte gegangen sind, können Sie den Hund ins „Sitz" motivieren, Halsband mit Leine abnehmen, ihn kurz zum Blickkontakt auffordern und dann durch die Kontaktende-Geste freigeben.

BLEIB 3 FESTIGEN UND GENERALISIEREN

Entfernen Sie sich anfangs nicht zu weit und achten Sie darauf, dass Sie seine Bereitschaft zu warten nicht überbeanspruchen. Steigern Sie die Entfernung langsam und angepasst an seinen Ausbildungsstand.

Gehen Sie in unterschiedlichen Richtungen von ihm weg und laufen Sie auch einmal mit einer deutlichen „Bleib wo du bist"-Geste (= Warte-Geste) an ihm vorbei oder um ihn herum.

Nach einigen Tagen beginnen Sie, sich kurzzeitig aus seinem Sichtfeld zu entfernen. Ihr Hund sollte dabei jedoch nicht unter Stress geraten. Er muss schließlich erst lernen, auch für längere Zeit allein zu warten, bis Sie ihn wieder abholen. Wie immer sollten Sie auf das richtige Beenden der Übung achten.

Wenn Sie das Bleib 3 von Anfang an generalisieren, kann der Hund die Bedeutung der Symbolik von Gegenstand und Leine schneller erfassen. Dazu verlagern Sie den Platz für das Bleib 3 an unterschiedliche Örtlichkeiten.

BEENDEN VON BLEIB 3

Nehmen Sie immer auch den Gegenstand mit, wenn Sie Ihren Hund nach Beendigung von Bleib 3 abholen. Somit gilt die Übung für ihn deutlich als beendet.

WENN ES NICHT KLAPPT

Nicht immer klappt das Bleib 3 von Anfang an oder ganz reibungslos. Entfernt sich der Hund aus dem Grünen Bereich, muss er korrigiert werden.

ZUHAUSE ENTSPANNT KORRIGIEREN

Auch hier sollte vor binären Korrekturmaßnahmen immer zuerst eine Analyse erfolgen, um anhand dieser herausfiltern zu können, weshalb der Hund nicht das von Ihnen gewünschte Verhalten zeigt.
Studieren Sie Bleib 3 zu Beginn am besten zu Hause ein. Denn unterwegs stellen sich eventuell Hemmungen bei Ihnen ein, wenn es darum geht, Ihren Hund zu reglementieren, weil der nicht so will, wie Sie es gern hätten. Zudem besteht in der Öffentlichkeit auch die Gefahr, dass es zu Auseinandersetzungen mit anderen Hundehaltern kommt, denen Ihre Vorgehensweise vielleicht etwas befremdlich erscheint. Nicht jeder Mensch kann oder will verstehen, dass zur verantwortungsvollen Hundeerziehung auch Korrekturmaßnahmen gehören und diese in einigen Bereichen unverzichtbar sind. Zu Hause haben Sie die Möglichkeit, wenn es nicht so recht klappen will, Ihre Vorgehensweise in Ruhe zu überdenken, um dann gezielt und effektiv die richtige Vorgehensweise zu wählen.

GESTEN ÜBERPRÜFEN

Sind Ihre Signale wirklich so klar, dass der Hund deren Bedeutung verstehen kann? Überprüfen Sie Ihre Gesten auch auf deren Intensität und Aussagekraft. Es könnte sein, dass er sich durch die Intensität Ihrer Körpersprache so bedrängt fühlt, dass er den Grünen Bereich nicht mehr als Sicherheitszone empfindet und deshalb versucht, der Situation zu entfliehen.

Der Hund reagiert auf die Stopp-Geste …

und bewirkt dadurch, dass Anton sich sofort wieder entspannt.

Gesten bewusst anwenden

Verfallen Sie nicht in alte Muster, indem Sie versuchen, dem Hund verbal zu vermitteln, was Sie von ihm erwarten. Reduzieren Sie sich bewusst auf einfache und deutliche Signalübermittlung. Bleiben Sie dabei binär, indem Sie sich auf „Ja“ und „Nein“, „Richtig“ und „Falsch“ als Hauptaussage Ihrer Mitteilungen beschränken. Das vereinfacht die Kommunikation mit Ihrem Hund, weil er Sie leichter verstehen kann.

OPTISCHE GRENZLINIE BIETET HILFESTELLUNG

Eine Hilfe für Mensch und Hund kann die klare Kennzeichnung des Grünen Bereichs sein. Nicht nur der Hund, sondern auch Sie tun sich leichter, wenn Ihnen eine optische Grenze Orientierung bietet. Nehmen Sie dazu vier Stangen, die Sie zu einem Viereck auslegen, oder definieren Sie den Grünen Bereich über einen Kreis, den Sie mithilfe eines dickeren Seiles auslegen. Wie immer hilft dem Hund die deutliche Symbolik über Gegenstand, Halsband und Leine klar zu erfassen, was von ihm erwartet wird.

RUHE BEWAHREN

Wenn es nicht so recht klappen will, kann es auch daran liegen, dass Ihr Hund sich überfordert fühlt. Vielleicht gehen Sie zu schnell voran, oder das Umfeld bietet dem Hund zu viele Ablenkungsreize. Setzen Sie sich und Ihren Hund nicht unnötig unter Druck. Üben Sie sich in Geduld und stellen Sie das Bleib 3 ein paar Tage hinten an, oder legen Sie eine allgemeine Unterrichtspause ein. Dann haben Sie und Ihr Hund garantiert wieder den Kopf frei, um das Bleib 3 erneut anzugehen.

KORREKTUR MITHILFE DER LEINE

Können Sie den Hund nicht über Gesten und Mimik dazu veranlassen, im Grünen Bereich zu warten, haben Sie über die Leine eine ausgezeichnete Möglichkeit, ihn zu korrigieren, ohne ihn dabei direkt anfassen zu müssen. Korrektur bedeutet:

- im Roten Bereich – die Leine spannt sich,
- im Grünen Bereich – die Leine entspannt sich.

Das konnte er bereits kennenlernen, als er mithilfe der Leine ins „Sitz“ gebeugt wurde

So korrigieren Sie über die Leine richtig

Schritt 1: Lassen Sie es die ersten Male wortlos zu, dass Ihr Hund beginnt, sich aus dem Grünen Bereich zu entfernen. Warten Sie, bis er sich ca. fünf Meter aus dem Grünen Bereich entfernt hat und sich damit deutlich im Roten Bereich befindet. So kann er besser zuordnen, was Sie ihm über die jetzt folgende Korrekturmaßnahme vermitteln wollen.

Während bei einigen Hunden der abgelegte Gegenstand ausreicht, bietet bei anderen die optische Begrenzung des Grünen Bereichs eine gute Hilfestellung.

Schritt 2: Nehmen Sie die Leine, die er hinter sich herzieht, an deren Ende auf. Wenden Sie sich mit Ihrem Körper bereits beim Aufheben deutlich von ihm ab und versuchen Sie dabei jeglichen Blickkontakt zu vermeiden, damit er sich jetzt nur mit der Leine auseinandersetzen muss.
Dann ziehen (nicht rucken) Sie ihn zum Grünen Bereich zurück und zeigen sich dabei äußerst missmutig. Ein zusätzlich scharf gesprochenes „Pfui" kann hilfreich sein.

Schritt 3: Im Grünen Bereich angekommen, entspannen Sie sich augenblicklich, nehmen freundlich Blickkontakt auf und lassen zeitgleich die Leine zu Boden fallen.

Schritt 4: Sie können kleine Futterstückchen auf den Gegenstand legen, um das Positive des Grünen Bereichs zu verdeutlichen.

Schritt 5: Warten Sie, bis die Spannung aus Ihrem Hund gewichen ist und er zur Ruhe kommt. Erst dann ist es sinnvoll, sich wieder von ihm zu entfernen. Das geschieht natürlich wortlos. Vermitteln Sie ihm nur über Gesten, dass es allein an ihm liegt, ob Sie sich freundlich oder missmutig geben. Mit dem Ausgang eines solchen dynamischen Abgleichs steht und fällt zugleich die Glaubwürdigkeit Ihrer Signale in andern Bereichen.

UNTERSCHIED ZWISCHEN ROT UND GRÜN MUSS DEUTLICH SEIN

Der Hund soll deutlich den Unterschied zwischen Grünem und Rotem Bereich empfinden. Je klarer Sie ihm dies vermitteln, desto leichter kann er entscheiden, wo er sich lieber aufhalten möchte – sicher da, wo es angenehmer für ihn ist. Vermitteln Sie ihm deshalb deutlich, dass es im Roten Bereich unangenehm ist, während er im Grünen Bereich sicher und ohne Stress auf Sie warten kann.

MÜDE IM BLEIB 3

Nach einem ausgiebigen Spaziergang, ausgepowert und müde, verweilt der Hund viel entspannter im Bleib 3. Ein kleiner Verdauungsschlaf mit vollem Bauch im Grünen Bleib-3-Bereich hilft dem Hund zusätzlich, diesen als äußerst angenehm zu empfinden.

01 *Verlässt der Hund den mit dem Gegenstand definierten Grünen Bereich, gehen Sie ihm missmutig hinterher und zeigen ihm, dass Sie ernsthaft sauer sind.*

02 *Wenn Sie den Hund eingeholt haben, nehmen Sie die Leine an der Handschlaufe auf, konfrontieren jedoch den Hund dabei nicht, indem Sie ihn ansehen, sondern wenden sich von ihm ab. Angepasst an den jeweiligen Hund, ziehen Sie diesen missmutig in Richtung „Grüner Bereich" zurück.*

03 *Am Gegenstand angekommen, entspannen Sie sich, nehmen freundlichen Blickkontakt zum Hund auf und lassen die Leine zu Boden fallen.*

04 *Die Futtergabe am Gegenstand motiviert den Hund zum Bleiben.*

05 *Ohne zu sprechen und nur mit deutlicher Warte-Geste entfernen Sie sich wieder vom Hund.*

BLEIB 3 IM ALLTAG GENERALISIEREN

Durch systematisches Generalisieren gewinnt der Grüne Bereich immer mehr die Bedeutung eines angenehmen Ortes, der variabel zugewiesen werden kann.

ZU HAUSE IN ALLER RUHE BEGINNEN

Wie in den anderen Erziehungsbereichen ist es für Sie und Ihren Hund wesentlich einfacher, wenn das Generalisieren von Bleib 3 zuerst im ablenkungsarmen Wohnbereich stattfindet. Gewöhnen Sie deshalb Ihren Hund daran, überall im Haus verteilt oder im Garten und auf kurze Zeitabschnitte beschränkte Grüne Bereiche mithilfe des Bleib 3 zu haben. Diese Ruheplätze können Sie dem Hund zuweisen, während Sie sich zum Beispiel im Bad befinden, kochen, Mahlzeiten einnehmen, Staub saugen, Zeitung lesen, Büroarbeiten erledigen oder den Rasen mähen. Legen Sie den Hund jetzt so im Bleib 3 ab, dass Sie sich auch außer Sicht des Hundes aufhalten können.

Wichtig: Dieser temporär zugeordnete Platz sollte nicht sein Hundekörbchen sein. Das steht ihm als Rückzugszone zur Verfügung, die er nach eigenem Gusto aufsuchen und wieder verlassen darf.

ALLEIN WARTEN – BLEIB 3 FESTIGEN

Je sicherer und ruhiger der Hund sich im Bleib 3 verhält, desto mehr steigern Sie den Schwierigkeitsgrad. Beobachten Sie dazwischen jedoch immer wieder unauffällig, wie er sich verhält. So können Sie rechtzeitig erscheinen und ihn korrigieren, bevor die ungewohnte Situation ihn überfordert. Nach und nach reift im Hund die Gewissheit, dass Sie mit Sicherheit wieder erscheinen und ihn abholen.

Allein bleiben

Die Bleib-3-Übung gibt dem Hund die Chance, das Alleingelassenwerden zu üben. Dies baut Trennungsängste ab und beugt einer neurotischen Bindung an den Menschen vor. Die Einbeziehung von Ablenkungsfaktoren in die Bleib-3-Übung lässt den Hund Standruhe (Steadiness) entwickeln.

AUSSER HAUS ÜBEN

Als nächster Schritt sollte das Bleib 3 in vielen Alltagssituationen gefestigt werden. In manchen Fachgeschäften ist es noch gestattet, einen Hund mitzubringen. Hier können Sie die Bleib-3-Übung zum Aufbau eines stabilen Umweltverhaltens Ihres Hundes nutzen. Hier finden Sie eine vielfältige Geräuschkulisse, wie zum Beispiel geschäftiges Treiben, fremde Menschen, ratternde Einkaufswägen etc. vor. Natürlich wird ein ruhiges Plätzchen ausgewählt, an dem der Hund nicht gefährdet ist und auch nicht über Gebühr konfrontiert wird. Der Gegenstand definiert wie immer seinen Grünen Bereich und gibt ihm gleichzeitig die Sicherheit: „Das riecht nach Frauchen und die kommt rechtzeitig und vor allem immer wieder zu mir zurück."
Idealerweise konnte der Hund diese Örtlichkeiten bereits über die Ruheübung kennenlernen.

BEI UNGEWOHNTEN GERÄUSCHEN ÜBEN

Haben Sie mit Ihrem Hund die Übereinkunft: „Grüner Bereich = Sicherheit und Bleiben, bis man abgeholt wird“, getroffen, kann er auch lernen, bei extremerer Geräuschkulisse ruhig und gelassen an einer definierten Stelle zu warten. Rettungshunde müssen zum Beispiel mit Lärm, den Baumaschinen erzeugen, zurechtkommen, Jagdhunde mit Schussgeräuschen. Bei vielen Prüfungen, wie beispielsweise Retriever- oder Jagdhundeprüfungen, wird sogar gefordert, dass der Hund bei der Schussabgabe ruhig auf seinem Platz verweilt (Standruhe, Steadiness).

NICHT ÜBERTREIBEN

Üben Sie anfangs das Bleib 3 unter Ablenkung nicht zu lange und wenn möglich nicht mit einem Hund, der gerade mehrere Stunden geschlafen hat und nach Bewegung drängt. Trotzdem gilt es auch dem unausgelasteten Hund klarzumachen, dass Ruhe herrscht, wenn Sie Ruhe fordern. Anfangs eben nur für Augenblicke und dann im Laufe der Zeit auch länger. Wenn sich der Hund vor einer Übungseinheit voller Tatendrang zeigt, können Sie ganz einfach bewirken, dass er sich selbst zügelt, indem Sie ihm vorab eine Belohnung in Aussicht stellen. Beispielsweise über den Futternapf in Verbindung mit Dummys, die Sie ihm zeigen und die ihn erwartungsvoll auf das nun Folgende achten lassen. Er wird

RICHTIGES TRAINING HILFT PROBLEME VERMEIDEN

Die meisten Probleme zwischen Hund und Mensch basieren auf Missverständnissen und Unkenntnis darüber, wie ein Hund sich organisiert. Übungen unter Ablenkung können sich sowohl positiv als auch negativ auf die Psyche eines Hundes auswirken. Positiv nur dann, wenn sie richtig ausgeführt werden.

Bei entspanntem Umgang mit einer klaren und für Hund

Hat ein Hund gelernt brav zu warten, kann Frauchen auch einmal in der Umkleidekabine verschwinden.

Ihnen beim Auslegen und wieder Einsammeln der Dummys konzentriert und ruhig zusehen, wenn Sie für jede einzelne Aktion mittels der Dummys etwas Futter in den vor ihm stehenden Futternapf fallen lassen. Als Belohnung für sein ruhiges Zusehen darf er dann nach Beenden der Bleib-3-Übung noch ein, zwei Dummys apportieren. Dazu lösen Sie Bleib 3 auf, gehen ein paar Schritte mit ihm weiter und lassen ihn unter Bleib 2 wieder zusehen, wie Sie Dummys auslegen, um ihn dann mittels entsprechender Gesten das Apportieren zu gestatten.

MIT GLEICHGESINNTEN ÜBEN

Um gezielt Ablenkungsreize zu schaffen, nehmen Sie Kontakt zu anderen Hundebesitzern auf und animieren diese zum gemeinsamen

verständlichen Linie können Hunde auch durch Nachahmung lernen.

Hat der Hund Bleib 3 wirklich verinnerlicht, bringt ihn so leicht nichts mehr aus der Ruhe.

Üben. Auf Ihren täglichen Spaziergängen treffen Sie sicher immer wieder bekannte Gesichter. Es lohnt sich immer, Gleichgesinnte zu suchen und mit ihnen den „Weg des Vertrauens" zu beschreiten. Es macht einfach mehr Spaß und es lässt sich leichter üben, wenn die anderen auf derselben Wellenlänge sind und verstehen, um was es im Einzelnen geht. So kann man sich gegenseitig nützliche Hilfestellungen geben. Auch in Vereinen und Hundeschulen finden Sie reichlich Möglichkeiten, das Bleib 3 in einer Hundegruppe zu üben.

Falsches Training kann den Grünen Bereich auflösen

Achten Sie jedoch darauf, dass Bleib-Übungen in Ihrer Hundeschule nicht auf einer Kommandoebene und durch ein „erzwungenes" Platz gelehrt werden, sondern das Prinzip über „Grüner und Roter Bereich" vermittelt wird. Der Hund darf im Grünen Bereich stehen, sitzen oder liegen.

Übungsabläufe, die chaotisch oder über laute Kommandos stattfinden, könnten genau das Gegenteil dessen bewirken, was erreicht werden soll. Das Bleib definiert dann einen unangenehmen Platz, den sich der Hund nicht selbst ausgesucht hat und an dem er auch noch mit der negativen Stimmung seines Besitzers konfrontiert wird, wenn dieser mit herrisch kommandierendem Befehlston ein „Platz und Bleib" einfordert. Das wirkt sich zudem auch äußerst negativ auf die Psyche aller sich im näheren Umfeld befindenden Hunde aus.

ÜBUNGSVARIANTEN

Nachfolgend einige Übungsideen für eine erfolgreiche Gruppenarbeit in Hundeschule, Verein und auf der Hundewiese.

KONTROLLIERTE REIZLAGEN SCHAFFEN

Während sich die anderen Hunde im Freilauf befinden, legen Sie Ihren Hund in ausreichendem Abstand zu den herumtobenden Hunden ins Bleib 3, natürlich mit angelegtem Halsband, Leine und einem Gegenstand. Sehr wichtig ist bei diesen Übungen, immer darauf zu achten, dass keiner der Hunde Ihren Hund in seinem Grünen Bereich belästigen kann. Nachdem Ihr Hund dem Treiben der anderen eine Weile entspannt zugesehen hat, darf er als Belohnung mit diesen herumtoben. Natürlich erst, wenn das Bleib 3 korrekt aufgelöst und die Übungssequenz anschließend mit dem Ableinritual, einer kurzen Blickkontaktaufnahme und der Kontaktende-Geste beendet worden ist. Gleichbleibende Symbolik und ritualisierter Ablauf vermitteln dem Hund ein Regelwerk, das er verinnerlichen kann. Diese Konsequenz müssen Sie in jedem Fall aufbringen, damit es auch verlässlich klappt. Das Beispiel in der Bildfolge auf Seite 175 zeigt eine weitere Übungsvariante.

BLEIB 3 IN DER GRUPPE

Mehrere Hunde bilden im Bleib 3 (Symbolik ist immer: Halsband, Leine und Gegenstand) eine gerade Linie oder ein Spalier. Zwischen den abgelegten Hunden steht jeweils ein Mensch-Hund-Gespann, wobei der Hund angeleint ist und sich im Sitz befindet. Nacheinander geht nun jedes Mensch-Hund-Gespann an den im Bleib 3 verweilenden Hunden vorbei und stoppt immer wieder bei einem der dazwischenstehenden Mensch-Hund-Gespanne. Er begrüßt dieses, plaudert ein Weilchen und geht dann weiter zum nächsten. Nach jeder Runde wird durchgewechselt.

BLEIB 3 MIT UMRUNDEN

Die eine Hälfte der Hunde wird in ausreichender Distanz zueinander ins Bleib 3 gebracht. Die Besitzer dieser Hunde und die übrigen Mensch-Hund-Gespanne umrunden nacheinander die im Bleib verweilenden Hunde. Als Steigerung können mehrere Mensch-Hund-Gespanne gleichzeitig um die sich im Bleib befindenden Hunde herumgehen. Hierbei können die Hunde je nach Ausbildungsstand an der Leine oder frei bei Fuß geführt werden.

BLEIB 3 BEI BEWEGUNGSREIZEN

Steigern Sie die Ablenkung durch Bewegungsreize. Ein oder mehrere Hunde werden ins Bleib 3 gebracht. Mehrere Personen spielen mit einem Ball oder toben mit den übrigen Hunden herum. Die im Bleib verweilenden Hunde können auch mit einem Fahrrad umrundet oder mit dem Rasenmäher umkreist werden, oder ein Hund wird aus der Bleib-1-Position so abgerufen, dass er dabei mittig durch die im Bleib 3 liegende Hundegruppe läuft.

Terri bleibt sitzen, während Paula an ihm vorbeigeführt wird.

Anton geht mit Emma an Paula und Terri vorbei, ohne dass sie einem von ihnen Aufmerksamkeit schenkt.

Alle drei Hunde liegen entspannt im Bleib 3. Die Individualdistanz des Einzelnen wurde dabei berücksichtigt.

Mit Gleichgesinnten lassen sich beim Üben gezielt Reizlagen schaffen.

UNTERSCHIEDLICHE REIZLAGEN ZUR SELBEN ZEIT

Einer bringt seinen Hund ins Bleib 3, ein anderer ruft seinen Hund ab. Ein weiterer Halter lässt seinen Hund frei bei Fuß gehen, während wieder ein anderer seinem Hund Apportieraufgaben stellt. Einige Hunde dürfen sogar frei laufen. Das alles soll als extreme Reizlage zur gleichen Zeit stattfinden. Jeder Besitzer sorgt dafür, dass sein Hund nicht von einem frei laufenden oder einem ungehorsamen Hund belästigt wird, indem er rechtzeitig reglementierend eingreift.
Versuchen Sie Ihre Hundefreunde für solche Übungen zu begeistern. Üben Sie das nicht nur in der Hundeschule oder im Verein, sondern auch auf der Hundewiese. Das ist wesentlich sinnvoller, als die Hunde nur toben zu lassen.

DIE WICHTIGSTEN ASPEKTE VON BLEIB-ÜBUNGEN

- Signale und Übereinkünfte kommen zur Anwendung.
- Die Gültigkeit von Signalen und Übereinkünften wird überprüft, und die Signalwertigkeit wird abgeglichen.
- Konzentration, Aufmerksamkeit und Blickkontakt werden gefördert.
- Unterscheidung von Grünen und Roten Bereichen findet statt.
- Die Bedeutung von Symbolen, wie der passiven Leine, wird gefestigt.
- Eine gemeinsame Verständigungsebene entsteht.
- Vertrauen in die Handlungen des Menschen wird aufgebaut.
- Innere Ruhe und Stabilität entwickeln sich.
- Standruhe/Steadiness entsteht.
- Trennungsängste werden abgebaut.
- Einer neurotisch engen Bindung an den Menschen wird vorgebeugt.

BLEIB 3 HILFT VERHALTENS-AUFFÄLLIGKEITEN LÖSEN

Bleib 3 bietet eine große Hilfestellung bei der Stabilisierung nervöser, unsicherer oder vermeintlich hyperaktiver Hunde.

Bleib-3-Übungen eignen sich zusammen mit weiteren Elementen meines Leinenkonzepts, beispielsweise der Ruheübung (siehe S. 93), hervorragend, um bei verhaltensauffälligen Hunden nachhaltig eine positive Veränderung zu bewirken.

DIE LEINE GESTATTET MITSPRACHERECHT

Bei Bleib 3 kommt die Leine ähnlich wie beim „Beugen des Hundes ins Sitz" als binär angewendetes Korrekturhilfsmittel zum Einsatz.

Kurz zur Erinnerung: Verließ der Hund die Sitz-Position, spannte sich die Leine, gab er nach und setzte sich wieder, bewirkte er dadurch, dass die Leine wieder locker wurde. Auch beim Bleib 3 spannt sich die Leine, wenn er seine Position am Gegenstand verlässt, da er nämlich zum Zweck der Korrektur mit sanftem aber bestimmt ausgeführtem Zug an der Leine zum Gegenstand zurückgezogen wird. Dort angekommen, wird die Leine augenblicklich wieder locker und gleitet zu Boden.

Parallelverarbeitung von Stressoren

In beiden Fällen kommt es zur Parallelverarbeitung von Stressoren: der Stress über die sich spannende Leine und der Stress, den das Umfeld darstellt. Da bei korrekter Herangehensweise der Hund vordergründig damit beschäftigt ist, das Leinenproblem zu lösen, rückt das Umfeld in den Hintergrund. Insbesondere ist es dabei wichtig, dass der Mensch seinen Hund in dessen Ängstlichkeit bewusst ignoriert, damit dieser sich nicht in seiner Emotion bestätigt sieht. Werden notwendige Korrekturmaßnahmen ausschließlich sachlich und ohne Mitleid zu zeigen, klar und verständlich für den Hund ausgeführt, ist es ihm mit Gewissheit möglich, aus eigener Überlegung heraus eine Position im Grünen Bereich einzunehmen und zur Ruhe zu kommen. Jede weitere durchdachte und kontrolliert ablaufende Ausführung von Bleib 3 setzt einen Gewöhnungsprozess beim Hund in Gang und bewirkt nach und nach eine Stabilisierung seiner Psyche. Das gestattet ihm, allgemein Situationen besser zu meistern.

Hier lernen beide Hunde, den jeweils anderen zu ignorieren.

Über Bleib 3 lassen sich Hunde gut stabilisieren.

ÜBERALL ZU JEDER ZEIT RUHE UND GELASSENHEIT

Bei der Ausführung von Bleib 3 sieht sich der Hund genötigt, Stressoren aktiv zu verarbeiten. Da er jedoch zugleich die Erfahrung macht, dass ihm hier sein Mensch behütend zu Seite steht, lernt er dabei auch, dass der Grüne Bereich ihm gestattet, aus einer sicheren Position heraus zu beobachten, was um ihn herum geschieht. Diese Erfahrung hilft ihm dann in anders gelagerten Situationen entspannter mit Stressoren umzugehen.

AUSREICHENDE DISTANZ

Zur Desensibilisierung eines Hundes über Bleib 3 ist es sinnvoll, den Bleib-3-Platz zu Beginn in ausreichender Distanz zum Stressor zu wählen. So kann der Hund dem Geschehen aus sicherer Entfernung zusehen und es leichter einordnen, da er damit nicht unmittelbar konfrontiert wird. Bei zunehmender Stabilisierung des Hundes kann im Laufe der Zeit die Distanz verringert werden.

LERNEN, DEN STRESS ANDERER NICHT AUF SICH ZU BEZIEHEN

Bleib-3-Übungen in der Gruppe lassen Hunde die Erfahrung machen, dass nur derjenige Hund reglementiert wird, der seinen ihm zugewiesenen Platz, seinen Grünen Bereich, verlässt. Diejenigen Hunde, die in ihrem Grünen Bereich verweilen, erleben, dass die Reglementierung anderer Hunde nicht ihnen gilt. Sie erfahren ihren Grünen Bereich als Sicherheitszone und können entspannt dem Geschehen außerhalb zusehen. Das Wissen um Rote Bereiche und um Sicherheitszonen hilft unsicheren Hunden, eine Position als Beobachter einnehmen zu können. So entwickeln sich bei ihnen innere Freiräume, während Stressfaktoren sie immer weniger tangieren.

SICH IM VERHALTEN DES HUNDES REFLEKTIERT SPIEGELN

Mehrere Hunde werden ins Bleib 3 verbracht. Jetzt geht es darum, sich den einzelnen Hunden so zu nähern, dass diese dabei neutral und entspannt bleiben. Das bedeutet, die Hunde sollen sich dabei weder verunsichert noch freudig erregt zeigen. Wenn Sie sich also einem der Hunde in seinem Grünen Bereich nähern, sollte das so geschehen, dass dieser ruhig und souverän seine Position beibehält, selbst wenn Sie dabei dicht an ihn herangehen. Richten Sie Ihr Augenmerk darauf, subtilste Signale zu erfassen, die Ihnen als Anhaltspunkte dafür dienen könnten, dass jetzt eine Distanzunterschreitung stattfindet, die den Hund im nächsten Moment darauf reagieren lässt und er sich im Ausdrucksverhalten ändert. Versuchen Sie rechtzeitig abzudrehen, sodass der Hund sich noch im Ansatz wieder entspannen kann. Da Sie hier lernen, sich auf die unterschiedlichsten Hundecharaktere einzustellen, schärfen Sie damit zugleich Ihr Wahrnehmungsvermögen für den eigenen Hund. Als Ergebnis lässt sich Ihre binäre Kommunikationsebene mit Ihrem Hund um ein vielfaches sensibler und damit effektiver gestalten und sein Vertrauen in Ihre Person wird sich vertiefen.

NEU DAZU GELERNTES PASSIVES SIGNAL MIT SYMBOLBEDEUTUNG

- das angelegte Halsband, mit daran angeklickter Leine, die am Boden liegt
- der Gegenstand

STOPP AUS DER BEWEGUNG ÜBER BLEIB-3-SYMBOLIK

Gelingt es Ihnen, Ihrem Hund zu vermitteln, dass Sie ihm über Ihr akustisches Stopp-Signal einen Grünen Bereich zuweisen, wird er gern stoppen und ruhig auf die nächsten Signale warten. Die Symbolik von Bleib 3 bietet Hilfestellung beim Aufbau.

BLEIB 3 AUS DER BEWEGUNG HEISST: STOPP UND WARTEN

Damit Ihr Hund zu verstehen lernt, dass er sich mit seinem Stoppen auf Ihr Signal hin in einem Grünen Bereich befindet, den er solange nicht mehr verlassen soll, bis Sie ein neues Signal geben, verwenden Sie als Einstieg die Hilfssegmente der Symbolik von Bleib 3 (Gegenstand – Leine – Warte-Geste). Schritt für Schritt lassen Sie dann Segment für Segment weg und verwenden nur noch Ihr Hörzeichen.

AUFBAU VON STOPP AUS DER BEWEGUNG

Sie benötigen dazu einen Gegenstand, Halsband mit Leine und einige Leckerli zum Belohnen des Hundes.

Und so geht's: Sie setzen sich mit einem „Wir gehen los"-Körpersignal in Bewegung. Nach einigen Schritten machen Sie Ihren Hund über ein Zungenschnalzen auf sich aufmerksam. Wenn er zu Ihnen hochsieht, deuten Sie kurz einen Trippelschritt an, lassen dabei die am Halsband angeklickte Leine und den Gegenstand zu Boden fallen und zeigen dann die „Warte, komm mir nicht nach"-Geste. Hat Ihr Hund das Bleib 3 wirklich verinnerlicht, wird er jetzt stehen bleiben. Das ist der Augenblick, in dem Sie sich sogleich zu ihm zurückorientieren und ihn verbal und mit einem Leckerli belohnen.

Wenn der Hund nicht stehen bleibt

Sollte der Hund den Gegenstand ignorieren und weiterlaufen, drehen Sie sich zu ihm um, rufen laut und energisch „Stopp!" und zeigen zeitgleich die resolute Stopp-Geste, um ihn sogleich für sein Stoppen zu belohnen. Wiederholen Sie das Ganze noch einmal. Jetzt aber so langsam und deutlich, dass der Hund keinen Fehler machen kann. Lassen Sie den Gegenstand überdeutlich für den Hund fallen und führen Sie dabei die Stopp-Geste nur sanft ermahnend aus.

Die Symbolik von Bleib 3 dient hier als Einstieg für ein „Stopp aus der Bewegung".

Leine, Halsband, Gegenstand und Warte-Geste veranlassen den Hund, aus der Bewegung heraus zu stoppen.

Wenn die Warte-Geste und Leine wie hier ein Stoppen bewirken, reduziert man sich im nächsten Schritt auf die Warte-Geste.

Klappt das, gehen Sie als Nächstes, nach dem Fallenlassen der Leine und der zusätzlich abblockenden Warte-Geste, langsam und ruhig noch einige Schritte weiter, kehren dann wieder zu Ihrem Hund zurück und belohnen ihn mit einem Futterstückchen. Dann heben Sie Leine und Gegenstand auf, motivieren ihn, mit Ihnen zusammen weiterzugehen und wiederholen den Ablauf noch ein oder zwei Mal.

Tempo steigern

Funktioniert das Stoppen mithilfe von Gegenstand, Leine und Warte-Geste bereits zuverlässig, wenn Sie und Ihr Hund ruhig nebeneinander herlaufen, steigern Sie nach und nach das Tempo bis zu einem schnellen Sprinten. Nehmen Sie dabei keinen Blickkontakt zum Hund auf. Allein das Fallenlassen von Gegenstand und Leine, Ihre Warte-Geste und das Hörzeichen „Stopp" sollen den Hund zum Stoppen veranlassen.

IN SECHS SCHRITTEN ZUM STOPP-HÖRZEICHEN

Ziel ist es, den Hund ausschließlich über das Hörzeichen „Stopp" zum Innehalten in der Bewegung zu veranlassen.
Dazu findet schrittweise eine Reduzierung auf das Hörzeichen „Stopp" statt. Die Warte-Geste ist Teil der Bleib-3-Symbolik und wird als letztes Hilfssignal weggelassen. Als kleine Hilfestellung für den Hund wird dann anstelle der Warte-Geste ein oder zwei Mal die Stopp-Geste hinzugenommen.

Der Hund wird an der Leine geführt

Schritt 1: Gegenstand, Leine, Warte-Geste, Stopplaut

Der Hund läuft neben Ihnen, Sie lassen Leine und Gegenstand fallen, unterstützen dies durch die abblockende „Warte, komm mir nicht nach"-Geste und sagen in scharfem Ton: „Stopp", während Sie noch einige Schritte weitergehen, um dann zum Hund zurückzukehren und ihn zu belohnen.

Schritt 2: Leine, Warte-Geste, Stopplaut

Der Hund läuft neben Ihnen, Sie lassen die Leine fallen, unterstützen dies durch die abblockende „Warte, komm mir nicht nach"-Geste und sagen in scharfem Ton: „Stopp", während Sie noch einige Schritte weitergehen, um dann zum Hund zurückzukehren und ihn zu belohnen.

Schritt 3: Leine, Stopplaut

Der Hund läuft neben Ihnen, Sie lassen die Leine fallen und sagen in scharfem Ton: „Stopp", während Sie noch einige Schritte weitergehen, um dann zum Hund zurückzukehren und ihn zu belohnen.

Der Hund läuft frei bei Fuß

Schritt 4: Warte-Geste, Stopplaut

Der Hund wird abgeleint und läuft neben Ihnen frei bei Fuß. Sie zeigen die Warte-Geste und sagen in scharfem Ton: „Stopp", während Sie noch einige Schritte weitergehen, um dann zum Hund zurückzukehren und ihn zu belohnen.

Schritt 5: Stopp-Geste und Stopplaut

Während der Hund neben Ihnen frei bei Fuß läuft, sagen Sie unvermittelt ein langgezogenes „Stoooooopp", drehen sich dabei gleichzeitig zu ihm hin und zeigen ihm die Stopp-Geste. Bleiben Sie dabei nicht stehen, sondern gehen Sie noch einige Schritte rückwärts weiter. Warten Sie dann einen Moment, bevor Sie sich ihm wieder annähern, um ihn für sein Stoppen zu belohnen.

Schritt 6: Stopplaut

Während der Hund neben Ihnen frei bei Fuß läuft, sagen Sie unvermittelt ein langgezogenes „Stoooooopp". Bleiben Sie dabei nicht stehen und wenden Sie sich dem Hund auch nicht zu, sondern gehen Sie noch einige Schritte weiter und warten Sie wieder einen Moment, bevor Sie zu ihm zurückkehren und ihn belohnen.

Stopp-Signale im Wechsel anwenden

Verwenden Sie jetzt die Stopp-Geste einmal zusammen mit dem Stopplaut und dann im Wechsel einzeln, damit kann der Hund den Bedeutungsinhalt beider Signale besser verinnerlichen.
Beide Signale wirken für das jeweils andere als Signalverstärker.

Intensität des Signals verringern

Das Lautsignal „Stopp" wird immer leiser ausgesprochen. Der dynamische Aufbau dieser Übung erlaubt Ihnen, situationsabhängig die Lautstärke je nach Ablenkungsreiz so zu variieren, dass der Hund Ihnen immer glaubt, dass dieses Stopp den Bedeutungsinhalt „Hör auf mit dem, was du gerade tust!" behält, unabhängig davon, ob es laut oder leise gesprochen wird.

Binärer Abgleich bei allen Schritten

Achten Sie darauf, dass Ihr Hund bei jedem der einzelnen Schritte augenblicklich stoppt. Sollte das nicht der Fall sein, müssen Sie ihn unmittelbar binär korrigieren. Als Nächstes gehen Sie dann wieder einen Schritt zurück. Alternativ dazu können Sie ihm auch aufs Neue die komplette Symbolik von Bleib 3 anbieten und ihn zusätzlich wie im Kapitel „Warten im Sitz" besprochen korrigieren. (siehe S. 70).

Nicht übertreiben

Überfordern Sie Ihren Hund nicht durch zu viele Wiederholungen, gönnen Sie sich und Ihrem Hund immer wieder Auszeiten.

STOPP-ÜBUNGEN FÜR FORTGESCHRITTENE

Zeigt Ihr Hund, dass er die Stopp-Geste und das Lautsignal verstanden hat, können Sie den Verhaltensabbruch auch unter erschwerten Bedingungen üben.

Letztlich ist es das Ziel, den Hund auch in extremen Situationen stoppen zu können. Deshalb sollten Sie Ihr Abbruchsignal auch unter realen Bedingungen üben. Zum Beispiel in Situationen, in denen er neben Ihnen rennt, auf Sie zuläuft, hinter etwas nachhetzt, ihn ein Ablenkungsreiz fesselt oder er sich in einer Interaktion mit Artgenossen befindet. Um den Ernstfall realistisch zu simulieren, sollte das Stopp-Signal immer wieder plötzlich und unvermittelt für den Hund zum Einsatz kommen.

Leine am Boden heißt: „Stopp"

Sollte Ihnen einmal die Leine entgleiten, ist es von Vorteil, wenn die spannungslos fallende Leine Ihren Hund in der Bewegung hemmt und ihn zur Ruhe mahnt. Diese Form der Selbstzügelung gestattet Ihnen im nächsten Schritt, ihn wieder auf sich zu konzentrieren und von den Außenreizen abzulenken. Bauen Sie deshalb Übungen wie die in der Bildfolge und Beschreibung auf Seite 180 gezeigte mehrmals in der Woche ein.

Nachahmungslernen und Stimmungsübertragung

Sie haben bereits eine gewisse Routine erreicht und möchten jetzt Ihren Hund auch bei größerer Ablenkung stoppen. In einer Gruppe von Hunden ist die Lernsituation für Ihren Hund eine gänzlich andere. Einerseits können Hunde durch Nachahmung lernen, das heißt, wenn drei Hunde das „Stopp" gut beherrschen, wird der vierte sich vielleicht an diesen orientieren und ebenfalls stoppen. Andererseits kann ein Hund durch die Anwesenheit anderer Hunde so abgelenkt oder verunsichert sein, dass ein vermeintlich gut funktionierendes Stoppen plötzlich gar nicht mehr funktioniert. Hier kann sich die Fähigkeit der Hunde, durch Nachahmung zu lernen, auch ins Gegenteil kehren.

01 Beim Üben in der Gruppe kommt Verhaltenskoppelung zum Tragen.

Deshalb ist es wichtig: Wenn Sie in einer Gruppe üben wollen, sollten alle Gespanne wenigstens die Grundübungen beherrschen.

Stopp in der Hundegruppe

Der Übungsaufbau könnte folgendermaßen aussehen: Alle Teilnehmer haben den Hund an der Leine und gehen in einer Reihe nebeneinander. Die Aufgabe ist: Alle Hunde sollen zeitgleich stehen bleiben, während die Hundehalter ruhig weitergehen. Eine außen stehende Person gibt den Zeitpunkt vor, an dem die Hunde stoppen sollen. Dazu können alle bisher gelernten Stopp-Gesten, Symbole und Lautsignale zum Einsatz kommen: die zu Boden fallende Leine, die abblockende „Warte, komm mir nicht nach“-Geste, der fallende Gegenstand, die stoppende Geste und der stoppende Laut.
Interessant ist zu sehen, wie viele Hunde tatsächlich stoppen! Klappt das bei Ihnen noch nicht, dann gehen Sie im Übungsablauf wieder einige Schritte zurück, beginnen noch einmal bei der Basisübung und arbeiten sich erst langsam wieder an schwierigere Übungsaufgaben heran.

Stopp unter Ablenkung

Alle Hunde werden in einer Reihe ins Warten-im-Sitz gebracht, die Besitzer gehen ca. 20 bis 30 Meter zurück. Ein Hund nach dem anderen wird nun von seinem Besitzer abgerufen, während die jeweils übrigen Hundebesitzer sich darauf konzentrieren, dass der eigene Hund wartet, bis er gerufen wird. Sollte er unerlaubt losstarten, wird er mit der Stopp-Geste und dem Stopplaut gebremst.
Als nächste Variation wird der jeweils abgerufene Hund auf halber Strecke von seinem Besitzer gestoppt und zum Stehen, Sitzen oder Liegen gebracht. Als anfängliche Hilfe kann die Symbolik der abgelegten Leine und/oder des Gegenstandes dienen, um damit den Ort, an dem der Hund stoppen soll, zu markieren (siehe Fotos S. 184 und 185).

02 Nachdem das Stopp aus der Bewegung beim ersten Mal nicht bei allen geklappt hat, findet jetzt eine Hilfsleine als optische Barriere Verwendung.

Aufgabe: Die Hunde werden zeitgleich herangerufen und sollen auf halber Wegstrecke gestoppt werden.

Der Hund wartet dort, bis alle anderen Hunde ebenso gerufen, gestoppt und zum Stehen, Sitzen oder Liegen gebracht werden. Dann gehen alle Besitzer zu ihren Hunden und holen sie an der Stoppstelle ab. Natürlich wird die Belohnung nicht vergessen. Wenn diese Übung funktioniert, kann sie dahingehend erschwert werden, dass alle Hunde auf einmal aus dem Sitz abgerufen werden und die Hundebesitzer ihre Hunde – wenn möglich zeitgleich und alle in einer Reihe – auf halber Strecke zum Stehen, Sitzen oder Liegen bringen.

Stopp beim Heranrufen

Die Hunde werden in zwei Reihen in einem Abstand von ca. 20 Metern gegenüber ins „Sitz“ gebracht. Die Besitzer befinden sich jeweils auf der gegenüberliegenden Seite. Alle Besitzer rufen nun zeitgleich ihre Hunde heran und stoppen sie, bevor sie in der Mitte aneinander vorbeilaufen, also wenn sich ihre Wege kreuzen. Wenn Sie auch hier wieder auf die bereits eingeführte Symbolik zurückgreifen, hilft es Ihnen und dem Hund, die Stoppstelle zu verdeutlichen. Erst wenn diese Übungen sicher gelingen – Sie also sehen, dass der Hund verstanden hat, was Sie von ihm erwarten – können Sie damit beginnen, das Stopp von Ihrem Hund ganz plötzlich und unvermittelt aus den unterschiedlichsten Situationen heraus zu fordern.

Stopp während des Herumtobens

Die Hunde dürfen frei umherlaufen und toben. Willkürlich werden die Hunde von ihren Besitzern über ein Abbruchsignal dort gestoppt, wo sie sich gerade befinden. Vor dem Stopp-Lautsignal wird der Name des Hundes gerufen. Der jeweils gestoppte Hund wird an der Stoppstelle mit einem Futterstück, das ihm sein Besitzer schnell bringt, belohnt. Danach darf der Hund wieder mit den anderen Hunden weitertoben.

ÜBERSICHT DER VERWENDETEN SIGNALE

- „Warte, komm mir nicht nach"-Geste
- Die zu Boden fallende Leine und der Gegenstand
- Ermahnende Stopp-Geste
- Resolute Stopp-Geste
- Lautsignal „Stopp" oder „ Halt", Trillerpfiff o. ä.

Vier Hunde warten konzentriert im Sitz darauf, lossausen zu dürfen, um sich wieder stoppen zu lassen.

Die Hunde sind im Freilauf und werden willkürlich nach vorherigem Nennen ihres Namens gestoppt.

Daran denken

Die Übungen zum Stopp- und Abbruchsignal sind natürlich nicht so gedacht, dass Sie diese innerhalb von wenigen Tagen unzählige Male wiederholen sollen. Das würde jeden Hund gänzlich überfordern und ihn völlig aus der Bahn werfen. Beobachten Sie Ihren Hund und entscheiden Sie tages- und stimmungsabhängig, wie oft hintereinander und in welchen Zeitabständen Sie Stopp-Übungen machen können. Die Übungen sollten in erster Linie von großer Motivation bestimmt sein, lustvoll ausgeführt werden und dem Abgleich von Signalen dienen.

SYMBOLIK DER BLEIB-BEREICHE

- Bleib 3: das angelegte Halsband mit daran angeklickter und auf dem Boden liegender Leine und der auf dem Boden abgelegte Gegenstand.
- Bleib 2: die lose auf dem Boden liegende Leine.

EIN WORT ZUM SCHLUSS

Für mich gilt: Kommunizieren kommt vor dem Konditionieren. Deshalb steht bei meiner Leinenmethode der kommunikative Aspekt immer im Vordergrund.

Liebe Leserin, lieber Leser, viele der in diesem Buch beschriebenen und in der DVD „Der Hund an der Leine" gezeigten Übungen sind in meiner jahrzehntelangen Arbeit mit Hunden entstanden. Sie haben sich herauskristallisiert und sind die Antwort auf die Fragen vieler verzweifelter Hundehalter, die sich einen leinenführigen und entspannten Hund wünschten. Aber auch unzählige Trainer waren mit ihrem Latein oft am Ende. Bei diesen Gesprächen konnte ich erkennen, dass bei den zur Anwendung gekommenen Ausbildungsmethoden der kommunikative Aspekt, den der Gebrauch der Leine bietet, keine entsprechende Berücksichtigung fand.

Allenfalls wurde über sogenannte Impulse oder kräftiges Rucken an der Leine, das dem Hund nicht nur erhebliche Schmerzen, sondern unter Umständen sogar Schaden zufügen kann, die Leine dazu missbraucht, den Hund vom Ziehen abzuhalten. Aber auch in den Ausbildungskonzepten jener, die unter Verzicht auf jegliche Reglementierung des Hundes und unter Zuhilfenahme von Brustgeschirr und Schleppleine versuchten, den Hund vom Ziehen an der Leine abzuhalten, fanden sich keine Hinweise auf eventuelle Möglichkeiten, dem Hund etwas durch die Verwendung der Leine zu übermitteln. Im Gegenteil, hier wurde teilweise pauschal jede Einwirkung auf den Hund über die Leine als „NoGo" nicht nur abgelehnt, sondern unrichtigerweise bereits als Vergehen gegen den Tierschutz dargestellt.

Bis heute erschließt es sich mir nicht, warum bei der Führung eines Hundes Hör- und Sichtzeichen so dominant im Vordergrund stehen und man einen so wichtigen Kommunikationskanal wie die Leine weglässt. Ermöglicht uns doch die Leine als direkter Draht zum Hund unmittelbar und unmissverständlich mit diesem in Kommunikation zu treten. Sie kann uns als Signalverstärker dienen, als leise Führhilfe oder – sollte der Hund die Kontrolle über sich selbst verlieren – als Korrekturhilfsmittel. In der Umerziehung und Therapie ermöglicht die Leine eine Impulskontrolle bei Hunden zu bewirken, so-

Anton und sein Glatthaarfoxl Terrie.

dass sich im Gehirn ein neues Bewertungsschema ausbilden kann, das ihnen in Folge gestattet, besser mit Stressoren klarzukommen. Als reiner Kommunikationskanal angewendet, hilft uns die Leine, gehandicapte blinde oder taube Hunde so zu führen, dass diese sich ausreichend behütet fühlen und deren Bedürfnis nach Kommunikation zufrieden gestellt wird. All diese Bereiche können ausschließlich über optische und akustische Signale nicht ausreichend gewürdigt werden. Ich hoffe, dass ich Ihnen durch meine Ausführungen in diesem Buch die Wichtigkeit der Leine bewusst machen konnte. Konsequent umgesetzt wird Ihnen mein Konzept der Leine als Nebensache in Verbindung mit dem Denkmodell der fünf Freiraumzonen binnen kürzester Zeit einen ersten Erfolg bescheren und sich positiv auf Ihre Partnerschaft mit Ihrem Hund auswirken. Lassen Sie uns gemeinsam diesen Weg des Vertrauens gehen.

Anton Fichtlmeier
www.fichtlmeier.de

DIE DREI KOMMUNIKATIONSKANÄLE DER FICHTLMEIER LEINENMETHODE ALS ÜBERSICHT

OPTISCH – AKUSTISCH – TAKTIL

GESTEN UND KÖRPERSIGNALE

- Hilfssignal – Futterhand / Futternapf
- Herankommen-Signal – In die Hocke gehen
- Herankommen-Signal – Arme wedeln
- Kontaktende-Geste
- Sitz-Geste
- Sitz-Körpersignal
- Warte-Geste
- Ermahnende Stopp-Geste
- Resolute Stopp-Geste
- Hinweisende Geste
- Richtungweisende Geste
- „Bei-Fuß"-Signal Schenkelklopfen, „Bleib an meiner Seite"
- Aufmerksamkeitssignal Trippelschritt
- Ankündigung zum Stehen bleiben oder Richtungswechsel
- Körpersignal „Wir gehen los"

LAUTSIGNALE

- Aufmerksamkeitssignal – Zunge schnalzen / Namen rufen / Pfeife
- Herankommen-Laut – Honululu
- Kontaktende-Laut – Lauf
- Stoppendes Lautsignal

AKTIVE LEINENSIGNALE

- Leinenbremse = Ankündigung zum Stehen bleiben oder Richtungswechsel
- Leinensitzsignal

PASSIVE LEINENSIGNALE MIT SYMBOLBEDEUTUNG

- Die am Boden liegende Leine = Ruhe, Ausgangspunkt und Sammelplatz
- Das angelegte Halsband mit daran angeklickter Leine, die am Boden liegt, und der Gegenstand

PASSIVES KÖRPER- UND LEINENSIGNAL MIT SYMBOLBEDEUTUNG

- Fuß auf der am Boden liegenden Leine = Ruheübung

DIE FÜNF FREIRAUMZONEN ALS ÜBERSICHT

1 FREIRAUMZONE 1
Bleib an meiner Seite

2 FREIRAUMZONE 2
Gemeinsame Aktionen im Sichtbereich

3 FREIRAUMZONE 3
Der Hund läuft frei im Sichtbereich

4 FREIRAUMZONE 4
Der Hund erledigt auf sich gestellt Aufgaben in größerer Entfernung, auch außer Sicht

5 FREIRAUMZONE 5
Die Kontrolle über den Hund ist nicht gegeben oder lässt sich nicht sicherstellen

SERVICE
— *Wissenswertes für Hundehalter*

HUNDEAUSBILDUNG NACH
FICHTLMEIER®

DIE AUTOREN

Anton Fichtlmeier

ist einem großen Publikum durch Fernsehen, prämierte Bücher und international prämierte DVDs, die Fachpresse, zahlreiche Seminare, Vorträge und Messepräsentationen bekannt. Seine Forschungsergebnisse gibt er in Fachvorträgen und Seminaren weiter. Er decodierte Verhaltensmuster, die unter dem Begriff „Gruppenorganisierende Verhaltensmuster" bekannt wurden. Diese bedienen neben dem Spielverhalten der Hunde einen eigenen Funktionskreis. Liebevoll und detailliert beschreibt und zeigt Fichtlmeier seine Arbeitsweise in seinen Büchern und DVDs. Fichtlmeiers Hundeausbildung vermittelt ein optimales und in sich sehr schlüssiges Ausbildungskonzept, das mittlerweile einen Großteil der Hundeszene nachhaltig beeinflusst, erfreulicherweise auch immer mehr die Trainingsmethoden des Jagdgebrauchshundes. Seinen großen Erfahrungsschatz in der Prägung von Welpen, bei der Erziehung von Familienhunden sowie bei der Ausbildung und dem Einsatz von Rettungs- und Jagdgebrauchshunden spürt man beim Lesen dieses Buches.

Gila Fichtlmeier

begleitet die Arbeit ihres Mannes mit der Film- und Fotokamera. In ihrer Hand lag auch hier wieder die Auswahl der Bilder dieses Buches. In Fachmagazinen veröffentlicht sie Berichte über Jagdhunde in der Familie und im Jagdeinsatz.

HUNDEAUSBILDUNG NACH FICHTLMEIER

Immer mehr Hundebesitzer und Hundetrainer wollen den Weg des Vertrauens gehen und die Kommunikation mit den Vierbeinern erlernen. So ist Fichtlmeiers Hundeausbildung heute eine von zahlreichen Hundeschulen, Trainern und Hundebesitzern erfolgreich eingesetzte Methode, die eine optimale Basisausbildung für den Familien-, Jagd-, oder Rettungshund vermittelt.
Nach seinem lizenzierten Ausbildungskonzept arbeiten immer mehr Hundeschulen im deutschsprachigen Raum. Aus diesem Grund baut Anton Fichtlmeier ein Netzwerk von ausgewählten, kompetenten Partnern, die seine Methode erfolgreich praktizieren, in Deutschland, Österreich, der Schweiz, USA und Kanada kontinuierlich aus.

Interessierte finden mehr Informationen und alle Kontaktdaten unter www.fichtlmeier.de

DER WEG DES VERTRAUENS – EIN ETWAS ANDERER WEG ZUR SEELE DES HUNDES ...

„Gegenseitiges Verstehen und füreinander Dasein sollte die Basis der Partnerschaft zwischen Hund und Mensch sein", das ist die Philosophie von Anton Fichtlmeier.

VON DEN AUTOREN AUSSERDEM ERSCHIENEN

Bücher

Fichtlmeier, Anton & Fichtlmeier, Gila: Weimaraner, Kosmos-Verlag

Fichtlmeier, Anton & Numßen, Julia: Die Prägung des Jagdhundwelpen, Kosmos-Verlag / Jagdbuch des Jahres 2011, 2. Preis

Fichtlmeier, Anton & Numßen, Julia: Die Ausbildung des Jagdhundes, Kosmos-Verlag / Jagdbuch des Jahres 2013, 1. Preis

Fichtlmeier, Anton: Grunderziehung für Welpen, Kosmos-Verlag

Fichtlmeier, Anton: Suchen und Apportieren, Kosmos-Verlag / Jagdbuch des Jahres 2015, 1. Preis

Lehrfilme

DVD Der Weg des Vertrauens, Grundlagen, Prämierter Videofilm

DVD Der Hund an der Leine

DVD Der brauchbare Jagdhund im Feld, Prämierter Videofilm

DVD Der brauchbare Jagdhund am Wasser, Prämierter Videofilm

NÜTZLICHE ADRESSEN

Anton Fichtlmeier
www.fichtlmeier.de

Trainerschulung nach Fichtlmeier
trainerschulung.fichtlmeier.de

Fichtlmeiers Onlineshop
www.best4dogs.de

Lizenzierte Hundeschulen
www.fichtlmeier.de/links/lizenzierte-hs

VBJ, Verein Brauchbarer Jagdhund
www.brauchbarer-jagdhund.de

ZUM WEITERLESEN

Feddersen-Petersen, Dorit U.: Ausdrucksverhalten beim Hund, Kosmos-Verlag

Feddersen-Petersen, Dorit U.: Hundepsychologie, Kosmos-Verlag

Feddersen-Petersen, Dorit U.: Verhaltensentwicklung beim Hund, Kosmos-Verlag

McFarland, David: Biologie des Verhaltens, Spektrum Akademischer Verlag

Gerald Hüther, Inge Krens, Das Geheimnis der ersten neun Monate, Unsere frühsten Prägungen, Patmos Verlag

Manfred Spitzer, Lernen, Spektrum Akademischer Verlag

Popper, Das Ich und Sein Gehirn, Piper

REGISTER

BILDNACHWEIS

Mit 265 Farbfotos von Andreas Grossek (1: S. 29 Mitte), Daniela Hubl (3: S. 157: Nr 03, 04; 173 rechts unten), Sasha Krajnakova (5: S. 4–5, S. 19 links, 19 rechts, 98, 150), Jeannette Rauschert (1: S. 157: 01), Martin Rösler (1: S. 172–173 oben), Jennifer Rohmann (1: S. 85). Alle weiteren Fotos von Gila Fichtlmeier.

IMPRESSUM

Umschlaggestaltung von GRAMISCI Editorialdesign, München unter Verwendung von Farbfotos von Gila Fichtlmeier.

Mit 265 Farbfotos

Unser gesamtes Programm finden Sie unter **kosmos.de.**
Über Neuigkeiten informieren Sie regelmäßig unsere Newsletter, einfach anmelden unter **kosmos.de/newsletter**

Gedruckt auf chlorfrei gebleichtem Papier

ISBN 978-3-440-15393-2
Redaktion: Hilke Heinemann, Ute-Kristin Schmalfuß
Gestaltungskonzept: Peter Schmidt Group GmbH, Hamburg
Gestaltung und Satz: Andrea Kunkel / akuSatz, Stuttgart
Produktion: Andrea Hehn
Druck und Bindung: Westermann Druck Zwickau GmbH, Zwickau
Printed in Germany / Imprimé en Allemagne

FSC www.fsc.org MIX Paper from responsible sources FSC® C084279